普通高等教育"十二五"规划教材 公共课系列

高级语言程序设计 Visual Basic

刘立群 刘 哲 邹丽娜 主编

刘 冰 周 颖 王 伟 王占军 副主编

北 京

内 容 简 介

本书是为了适应 Visual Basic 程序设计课程教学需要而编写的，知识点全面完整，涵盖了全国计算机等级考试二级考试大纲要求。全书共分 13 章，从认识 Visual Basic 程序开始，由浅入深地系统介绍了 Visual Basic 6.0 可视化程序环境下的编程方法、窗体和控件的使用、常用事件和方法、程序结构及基本算法、过程和数组。本书采用案例式教学方式编写，注重将知识与实例分析融为一体，在知识的讲解过程中逐一引入实例。本书中所有教学资源，包括教材中实例的源程序及各章节电子讲义，可从科学出版社网站（www.abook.cn）下载。

本书内容丰富、简明易懂、实例充足，除可作为高等学校 Visual Basic 程序设计课程的教材外，还可作为参加全国计算机等级考试人员的自学和辅导教材。

图书在版编目（CIP）数据

高级语言程序设计 Visual Basic/刘立群，刘哲，邹丽娜主编. —北京：科学出版社，2012

（普通高等教育"十二五"规划教材·公共课系列）

ISBN 978-7-03-033035-2

Ⅰ. ①高⋯ Ⅱ. ①刘⋯ ②刘⋯ ③邹⋯ Ⅲ. ①BASIC 语言－程序设计－高等学校－教材 Ⅳ. ①TP312

中国版本图书馆 CIP 数据核字（2011）第 262721 号

责任编辑：陈晓萍 宋 丽／责任校对：王万红
责任印制：吕春珉／封面设计：东方人华平面设计部

科 学 出 版 社 出版
北京东黄城根北街 16 号
邮政编码：100717
http://www.sciencep.com

骏 杰 印 刷 厂 印刷
科学出版社发行 各地新华书店经销

＊

2012 年 1 月第 一 版 开本：787×1092 1/16
2012 年 1 月第一次印刷 印张：15 1/2
字数：349 000
定价：27.00 元
（如有印装质量问题，我社负责调换〈骏杰〉）

销售部电话 010-62142126 编辑部电话 010-62134021

前　言

Visual Basic（VB）是一种由微软公司开发的包含协助开发环境并支持事件驱动的可视化编程语言，它源自于 Basic 编程语言。VB 拥有图形用户界面（GUI）和快速应用程序开发（RAD）系统，用户可以轻易地使用 DAO、RDO、ADO 连接数据库，或者轻松地创建 ActiveX 控件。程序员可以轻松地使用 VB 提供的组件快速建立一个应用程序。由于它功能强大、容易掌握，不仅被许多大专院校列入了教学计划，并且已经作为全国计算机等级考试二级的考试科目之一。

为了满足各院校开设 Visual Basic 程序设计课程的教学需要，适应学生参加国家二级考试的要求，我们紧紧围绕全国计算机等级考试二级考试大纲，设计组织本书的知识点，针对二级考试中笔试和上机考试的不同形式和要求，在积累和总结多年从事二级考试辅导教学经验的基础上，以 Visual Basic 6.0 中文版为语言背景，编写了《高级语言程序设计 Visual Basic》和《高级语言程序设计 Visual Basic 实训》。

本书作为主教材，共分 13 章，包括认识 Visual Basic、设计简单的 Visual Basic 应用程序、Visual Basic 程序设计基础、数据输出与输入、程序设计的基本控制结构、常用标准控件、数组、过程、图形操作、键盘与鼠标事件、菜单设计、文件、通用对话框设计。内容覆盖了二级考试的全部知识点，并且对每一个重要知识点都设计了相应的程序设计实例，强化对核心知识点的理解，引导学生通过对具体案例的学习和实践掌握程序设计方法。

《高级语言程序设计 Visual Basic 实训》是本书的辅助教材，包括两个部分：实验篇和习题篇。实验篇不仅给出实验目的和实验内容，而且力求将启发、创新引入实验过程，因此设置了综合实验部分，要求学生通过完善程序代码后，经过调试运行实现程序功能。习题篇中的知识要点对主教材知识点进行概括，实战测试给出主教材中相应章节的测试题，并在答案与解析中给出参考答案。

本书可以作为高等学校 Visual Basic 程序设计课程的教材，也可作为参加全国计算机等级考试人员的自学和辅导教材。

全书由刘立群、刘哲、刘冰、邹丽娜、周颖、王伟、王占军共同编写，由刘立群统稿。

尽管尽了最大努力，但由于编者水平有限、经验不够丰富，书中难免存在不足之处，敬请广大读者批评指正。

刘立群

2011 年 10 月

目　　录

第 1 章　认识 Visual Basic

学习目标与要求:

- 了解 VB 的发展过程和语言特点。
- 掌握 VB 的启动与退出。
- 了解 VB 的集成开发环境。

1.1　Visual Basic 概述

BASIC 是 Beginner's ALL-purpose Symbolic Interchange Code(初学者通用符号代码)的缩写。BASIC 语言自 1964 年问世以来，由于其简单、易学，得到了广泛应用。1988年，图形接口(GUI)的出现极大地改变了微机产业，使之飞速发展，随之出现了 Windows操作系统。但在 Windows 环境下如何开发像 Windows 那样具有优美的环境和丰富的功能的应用程序是一大难题。1991 年，Microsoft 公司推出了 Visual Basic 1.0 版本，提供了进行 Windows 编程的简单方法。

Visual 指的是可视化的编程方法，即不需编写大量代码去描述界面元素的外观和位置，只要把预先建立的对象添加到屏幕上即可方便地开发图形用户界面（GUI）。它简化了复杂的窗口程序编写过程，让编程者将更多的精力致力于问题的求解过程。Visual Basic 既保留了 BASIC 语言简单、易用的优点，又充分利用了 Windows 提供的图形环境，提供了崭新的可视化程序设计工具。迄今为止，Visual Basic 已经发展成为快速应用程序开发工具的代表。

1.1.1　Visual Basic 的发展过程

20 世纪 70 年代末，Microsoft 公司在当时的 PC 机上开发了第一代的 Basic 语言，成为当时非常流行的编程工具，许多计算机初学者使用它来编制各种各样的小程序。20世纪 90 年代初，由于 Windows 操作平台的逐渐流行，PC 机的操作方式开始由命令行方式向图形用户界面方式转变。Microsoft 公司开始把 Basic 语言向可视化编程方向发展，于是就有了第一代的 Visual Basic。

Visual Basic 升级了数次。1993 年开发了 3.0 版，1996 年开发了 4.0 版，1997 年推出 5.0 版，随着版本的提高，Visual Basic 的功能越来越强。5.0 版以后，Visual Basic 同时在中国推出中文版。与以前各版本相比，其功能有了质的飞跃，已成为 32 位的、全面支持面向对象的大型程序设计语言。

在 1998 年推出 Visual Basic 6.0 （以下简称 VB6）版时，VB 又在数据访问、控件、语言、向导及 Internet 支持等方面增加了许多新的功能，在开发环境、功能上进一步完善和扩充，尤其在数据库管理、网络应用方面更胜一筹。VB 6.0 包括 3 种版本：学习版、专业版和企业版。

（1）学习版（Learning Edition）：是 VB 的基础版本，包含了所有的标准控件及网格控件、数据绑定控件和 Tab 对象。适合初学者用来学习开发 Windows 应用程序。

（2）专业版（Professional Edition）：包括了学习版的全部功能，并增加了 ActiveX 控件、Internet 控件、Crystal Report Writer、报表控件，主要用于开发客户机/服务器应用程序。它为专业编程者提供了一整套功能完备的开发工具。

（3）企业版（Enterprise Edition）：包括了专业版的全部功能，并增加了自动化管理器、部件管理器、数据库管理工具、Microsoft Visual SourceSafe 面向工程版的控制系统等，主要用于创建分布式应用程序、高性能的客户机/服务器应用程序或 Internet 上的应用程序。

如无特别说明，本书中内容均基于 VB 6.0 企业版，所有程序都是在 VB 6.0 企业版下运行通过，大多数程序可以在专业版和学习版中运行。

1.1.2　Visual Basic 的特点

VB 是可视化的、面向对象的、采用事件驱动方式的结构化高级程序设计语言。总的来说，VB 有以下主要特点。

1. 可视化的编程工具

用传统的程序设计语言设计程序，都是通过编写程序代码来设计用户界面的，在设计过程中看不到界面的实际效果，必须编译后运行程序才能看到。如果对界面效果不满意，还得返回到程序中修改，这大大影响了软件的开发效率。而 VB 提供了可视化的程序设计工具，程序设计者只需从"工具箱"中取出所需"控件"，将其放置到窗体的指定位置构成用户界面，并设置这些图形对象的属性，VB 会自动生成界面设计代码，从而大大提高了程序设计的效率。

2. 面向对象的程序设计思想

面向对象是近年来出现的一种程序设计技术，是一种全新的设计和构造软件的思维方法。它把程序和数据封装起来作为一个"对象"，并赋予每个"对象"应有的属性。程序设计者在设计对象时，不必编写建立和描述每个对象的程序代码，而是在界面上用工具画出对象，VB 自动生成对象的程序代码和数据并封装起来，程序设计者只需编写实现程序功能的代码。这样，即大大节省了程序的开发时间，也降低了编程的难度。

3. 事件驱动的编程机制

传统的程序设计方法是面向过程的，程序设计者必须根据程序要实现的功能，写出一个包括主程序和若干个子程序的完整程序。因此，程序设计者必须考虑程序运行的每一个细节，对编程人员要求较高。

VB 改变了传统的编程机制，程序中没有明显的主程序，程序执行的基本方法是由"事件"来驱动子程序。例如，在窗体上画一个命令按钮，用户用鼠标单击命令按钮会发生一个按钮单击事件，发生此事件就要执行一段由按钮单击事件驱动的子程序，在

VB 中将子程序称为"过程"。

4. 结构化的程序设计语言

VB 具有高级程序设计语言的语句结构，接近自然语言和人类的逻辑思维方式。VB 是解释型语言，在输入代码的同时，解释系统可以自动进行语法检查，及时提示语法错误。在利用 VB 设计应用程序的过程中，随时可以运行程序，调试程序，查看程序的运行结果。程序设计好后，还可以编译生成可执行文件（.EXE），使其脱离 VB 环境，直接在 Windows 环境下运行。

5. 强大的数据库功能

VB 具有很强的数据库管理功能。利用数据控件和数据库管理窗口，可以直接建立或处理 Microsoft Access 格式的数据库，并提供强大的数据存储和检索功能。同时，功能强大的 ADO（Active Database Object）技术还能直接编辑和访问其他外部数据库，如 Visual FoxPro、Oracle 等，从而使网络数据库的开发更加快捷简单。

6. 网络功能

VB 提供了 IIS 和 DHTML（Dynamic HTML）两种类型的程序设计方法，用来编写 Internet 上的应用程序。利用它们进行程序设计，程序设计者不需要学习编写脚本和操作 HTML 标记，就可以开发功能很强的基于 Web 的应用程序。

除上述特征外，VB 还提供了动态数据交换（DDE）与动态链接库（DLL）技术，用来建立 VB 应用程序与其他 Windows 应用程序间的数据通信和调用；利用对象的链接与嵌入（OLE）技术，可以开发集声音、图像、动画、字处理、Web 等对象于一体的应用程序；可以定制用户自己的 ActiveX 控件，并把它作为集成开发环境和运行环境的一部分，为开发应用程序提供服务；同时，还提供了多种向导，通过它们可以快速地创建不同类型、不同功能的应用程序。

1.2　Visual Basic 的启动和退出

1.2.1　Visual Basic 的启动

1. Visual Basic 的启动方法

开机并进入 Windows 后，启动 VB 的方法如下。

方法一：在桌面上双击 Visual Basic 6.0 的快捷方式。

方法二：选择"开始"菜单中的"程序"命令，找到"Microsoft Visual Basic 6.0 中文版"，弹出下一个级联菜单，单击"Microsoft Visual Basic 6.0 中文版"命令，即可进入 VB 集成开发环境的"新建工程"窗口，如图 1.1 所示。

新建工程的窗口上有"新建"、"现存"和"最新"3 个选项卡。如果单击"现存"或"最新"选项卡，则可分别显示现有的或最新的 VB 应用程序文件名列表，供用户从

图 1.1　"新建工程"对话框

列表中选择要打开的文件名，此两个选项卡均是针对已保存过的 VB 程序而使用。对初学者或第一次建立某个 VB 应用程序，一般选择"新建"选项卡。

（1）新建：为默认选项卡。在"新建"选项卡中选择相应的程序类型，单击"打开"按钮可以建立新的应用程序，其中"标准 EXE"为默认程序类型。

（2）现存：列出了已经存在的应用程序文件名，可以从中选择路径及要打开的文件名，单击"打开"按钮，打开选择的程序文件。

（3）最新：列出了最近使用过的应用程序文件名，可以从中选择要打开的文件名。

2. 在"新建"选项卡中的程序类型

（1）标准 EXE：建立一个标准的 EXE 工程。

（2）ActiveX EXE 和 ActiveX DLL：这两种应用程序只能在专业版和企业版中建立。功能上两种程序是一致的，只是包装不同。前者包装成 EXE（可执行）文件，后者包装成 DLL（动态链接库）。

（3）ActiveX 控件：只能在专业版或企业版中建立，主要用于开发用户自己定义的 ActiveX 控件。

（4）VB 应用程序向导：该向导用于在开发环境下直接建立新的应用程序框架。

（5）数据工程：主要提供开发数据报表应用程序的框架。

（6）IIS 应用程序：用 VB 代码编写服务器端的 Internet 应用程序。

（7）外接程序：选择该类型，可以建立自己的 VB 外接程序，并在开发环境中自动打开连接设计器。

（8）DHTML 应用程序：只能在专业版或企业版中建立。可以编写响应 HTML 页面操作的 VB 代码，并可把处理过程传送到服务器上。

（9）VB 企业版控件：用来在工具箱中加入企业版控件图标。

以上多种工程类型，第一种为初学者常用。当我们在对话框中选择要建立的工程类型，如"标准 EXE"，然后单击"打开"按钮，可进入 VB 集成开发环境，如图 1.2 所示，集成环境中有多个窗口，在下一节中我们将详细介绍。

1.2.2　Visual Basic 的退出

退出 VB 环境返回到 Windows 的方法有多种。

方法一：选择 VB 菜单栏的"文件丨退出"命令。

方法二：按 Alt+Q 键。

方法三：单击 VB 窗口的"关闭"按钮。

如果当前应用程序没有保存，系统将提示是否保存。此时，选择"是"，则将文件保存后退出 VB；选择"否"，则放弃保存直接退出。

1.3　Visual Basic 集成开发环境

在 VB 6.0 应用程序集成开发环境中，一个新工程连同一些窗口和工具被自动打开，如图 1.2 所示。

VB 集成开发环境由若干部分组成，主要包括主窗口、窗体窗口、工具箱、工程资源管理器、属性窗口、窗体布局窗口和立即窗口。这些窗口的确切尺寸和式样依赖于系统配置。

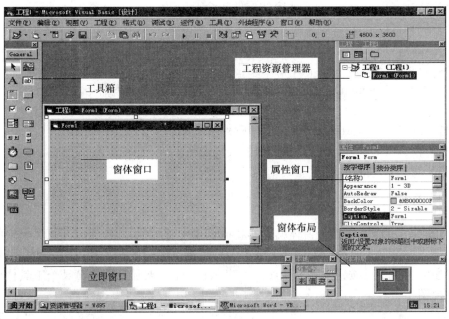

图 1.2　VB 集成开发环境

1.3.1　主窗口

VB 主窗口由标题栏、菜单栏和工具栏组成。

1. 标题栏

标题栏用来标识 VB 集成开发环境和当前打开的工程文件名（缺省为"工程 1"）。标题栏左端为控制盒，右端为最小化、最大化/还原和关闭按钮。

在标题文字后面的方括号中指出了当前工程所处的工作状态，VB 有以下 3 种工作模式。

（1）设计模式：设计界面、设置属性和编辑代码时进入设计模式。

（2）运行模式：单击工具栏中"启动"按钮 ▶，运行程序时进入运行模式，用于演示和测试程序的功能，此时不能编辑界面和代码。运行结束后，系统返回设计模式。

（3）中断模式：程序运行过程中因某种原因中断运行，处于调试状态时就会进入中断模式。此时可通过窗口观察、修改或调试程序。按下 F5 键或单击工具栏中"继续"

按钮▶，程序将继续运行；单击工具栏中"结束"按钮■，程序将结束运行。

2. 菜单栏

VB 菜单栏提供了 13 组下拉菜单选项。

（1）文件（File）：打开工程、保存工程、生成可执行文件等工程管理命令。

（2）编辑（Edit）：剪切、复制、粘贴、查找替换等编辑命令。

（3）视图（View）：打开不同窗口的命令。

（4）工程（Project）：添加窗体、模块、用户控件及显示工程属性的命令。

（5）格式（Format）：格式化窗体控件的命令。

（6）调试（Debug）：设置断点等程序调试命令。

（7）运行（Run）：启动、中断、结束等程序运行命令。

（8）查询（Query）：设计数据库应用程序时 SQL 属性的设置命令。

（9）图表（Diagram）：设计数据库应用程序时图表的处理命令。

（10）工具（Tools）：过程控制、菜单设计器、工程和环境选项等工具。

（11）外接程序（Add-Ins）：可以增删外接程序。

（12）窗口（Windows）：对象窗口的布局命令。

（13）帮助（Help）：相关帮助信息。

3. 工具栏

VB 提供了编辑、标准、窗体编辑器和调试 4 种工具栏。VB 集成开发环境中的默认工具栏是"标准"工具栏，如图 1.3 所示。只需将鼠标指针在工具按钮上停几秒钟，屏幕上将显示所指工具按钮的功能说明，如表 1.1 所示。要显示或隐藏某个工具栏，可以选择"视图|工具栏"命令。

图 1.3　VB 集成开发环境中的标准工具栏

表 1.1　标准工具栏中的常用工具按钮

按 钮 名 称	功　　能
添加 Standard EXE 工程	添加一个新工程，相当于"文件"菜单中的"添加工程"命令
添加窗体	在工程中添加一个新窗体，相当于"工程"菜单中的"添加窗体"命令
菜单编辑器	打开菜单编辑对话框，相当于"工具"菜单中的"菜单编辑器"命令
打开工程、保存工程	打开一个已有的工程或保存一个工程
剪切、复制、粘贴	将选定内容剪切、复制剪贴板及把剪贴板内容粘贴到当前插入位置
启动、中断、结束	运行、暂停、结束一个应用程序的运行
工程资源管理器	打开或切换至工程资源管理器窗口
属性窗口	打开或切换至属性窗口
窗体布局窗口	打开或切换至窗体布局窗口
工具箱	打开或切换至工具箱窗口，相当于"视图"菜单中的"工具箱"命令

"标准"工具栏的右边有两个显示区域，显示当前窗体或当前控件在其父对象中的位置和大小，如图 1.4 所示。

1.3.2　窗体窗口

窗体设计器窗口位于集成开发环境的中间，简称窗体（Form），是应用程序最终面向用户的窗口。从工具箱中选取所需要的控件，在窗体上画出来，这是 VB 应用程序界面设计的第一步。每个窗体有一个唯一的名称标识，按照建立窗体时的顺序默认名称为 Form1、Form2 等。

一个 VB 应用程序可以包含多个窗体（最多可达 255 个），但至少要包含一个窗体，一个窗体最多可以容纳 255 个控件。新建一个工程，工程下默认包含一个窗体，缺省名为 Form1。窗体的标题栏显示该窗体的名称和窗体隶属的工程名称。

窗体在设计模式时有标准网格，这些网格用于对齐窗体上的控件。如果希望取消网格或调整网格间距，可选择"工具 | 选项 | 通用"选项卡进行设置，在运行模式时网格将消失。

1.3.3　工程资源管理器

工程资源管理器，简称"工程窗口"，用来管理当前程序包含的各类文件，如图 1.5 所示。在工程窗口的标题栏下方从左至右有以下 3 个按钮。

（1）查看代码 按钮：可以切换到"代码窗口"，查看和编辑代码。

（2）查看对象 按钮：可以切换到"窗体窗口"，查看和编辑对象。

（3）切换文件夹 按钮：折叠或展开对象文件夹中的项目列表。

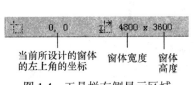

当前所设计的窗体　窗体宽度　窗体
的左上角的坐标　　　　　高度

图 1.4　工具栏右侧显示区域　　　　图 1.5　工程窗口

工程窗口与 Windows 下的资源管理器类似，它以层次管理的方式显示当前应用程序下的各类文件。一个应用程序可以包含以下几类文件。

（1）工程文件（.vbp）和工程组文件（.vbg）：每个工程对应一个工程文件。对于一个较复杂的应用程序，可以含有两个以上的工程文件，这些工程文件组成一个工程组。选择"文件 | 添加工程"命令可以添加一个工程。

（2）窗体文件（.frm）：每个窗体对应一个窗体文件。窗体及其控件的属性和代码都存放在窗体文件中。选择"工程 | 添加窗体"命令可以添加一个窗体。

（3）窗体的二进制数据文件（.frx）：若一个窗体中包括图片或图标等二进制信息，则保存窗体文件.frm 的同时，会产生一个与该窗体文件具有相同主文件名的.frx 文件。

（4）标准模块文件（.bas）：又称程序模块文件，主要用来声明全局变量和定义一些通用过程。选择"工程 | 添加模块"命令可以添加一个标准模块。

（5）类模块文件（.cls）：VB 提供了大量预定义的类，同时也允许用户根据需要定义自己的类。

（6）资源文件（.res）：是一种可以同时存放文本、图片、声音等多种资源的纯文本文件，可以使用简单的文本编辑器进行编辑。

（7）ActiveX 控件的文件（.ocx）：可以添加到工具箱，并在窗体中使用。

1.3.4　属性窗口

在 VB 中，对象分为窗体和窗体上的控件。每个对象都可以用一组属性来描述其特征，而属性窗口就是用来设置窗体或窗体中控件的属性的。属性窗口由以下几部分组成，如图 1.6 所示。

（1）标题栏：显示属性窗口名称、正在设置属性的对象名称及关闭按钮。

（2）对象列表框：在下拉列表中列出了当前窗体和当前窗体中各控件的名称及类型，可查看并选择某一对象。

（3）属性排列方式：提供了"按字母序"和"按分类序"两种属性名称的显示方式。

（4）属性列表框：显示选中对象的属性，左边为属性名，右边为属性值。

（5）属性含义说明框：显示选中属性的功能说明。

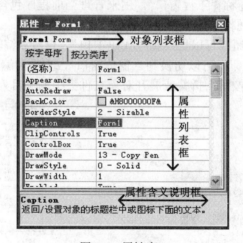

图 1.6　属性窗口

1.3.5　工具箱

工具箱窗口由工具图标组成，如图 1.7 所示。这些图标是 VB 应用程序的构件，称为对象或控件。

工具箱中的工具分为内部控件和 ActiveX 控件。启动 VB 后，工具箱中只有内部控件。需要 ActiveX 控件时，可选择"工程｜部件"命令将其添加到工具箱。

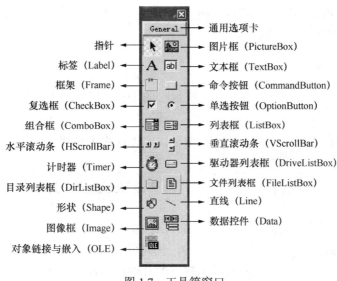

图 1.7　工具箱窗口

1.3.6　窗体布局窗口

窗体布局窗口用于指定程序运行时窗体的初始位置。用户只要用鼠标拖动如图 1.8 所示"窗体布局窗口"中的 Form 窗体的位置，就决定了该窗体运行时的初始位置。若一个工程中有多个窗体，在布局窗口同时可以观察多个窗体的相对布局。

图 1.8　窗体布局窗口

除上述几种窗口外，VB 集成开发环境中还有一些其他窗口，包括代码编辑器窗口、立即窗口、本地窗口和监视窗口等。

本 章 小 结

本章主要介绍了 VB 的发展过程及特点、VB 的启动与退出方式。Visual Basic 意为可视化的 BASIC，它提供了可视化的编程工具，采用了面向对象的程序设计思想和事件驱动的编程机制。介绍了 VB 的集成环境、主窗口的布局、常用工具栏、常用的文件类型、常用工具。详细介绍了 VB 集成环境中的窗体设计窗口、工程窗口、属性窗口、窗体布局窗口及工具箱。

习 题

一、思考题

1．启动 VB 环境的方法有哪几种？

2．说出两种启动运行一个 VB 工程的方法。

3．关闭 VB 窗口中的工具箱后，如何重新打开？

4．如何打开 VB 的代码窗口？

二、选择题

1．在 VB 集成环境中要结束一个正在运行的工程，可单击工具栏上的_____按钮。

　　A. 　　　　　B. 　　　　　C. ▶　　　　　D. ■

2．在 VB 集成环境中，要添加一个窗体，可以单击工具栏上的_____按钮。

　　A. 　　　　　B. 　　　　　C. 　　　　　D.

3．在 VB 集成环境的设计模式下，用鼠标双击窗体上的某个控件打开的窗口是_____。

　　A. 工程资源管理器窗口　　　　B. 属性窗口

　　C. 工具箱窗口　　　　　　　　D. 代码窗口

4．在 VB 集成环境中，可以列出工程中所有模块名称的窗口是_____。

　　A. 工程资源管理器窗口　　　　B. 窗体设计窗口

　　C. 属性窗口　　　　　　　　　D. 代码窗口

5．以下关于 VB 特点的叙述中，错误的是_____。

　　A. VB 是采用事件驱动编程机制的语言

　　B. VB 程序既可以编译运行，也可以解释运行

　　C. 构成 VB 程序的多个过程没有固定的执行顺序

　　D. VB 程序不是结构化程序，不具备结构化程序的 3 种基本结构

6．VB 采用了_____编程机制。

　　A. 面向过程　　　　　　　　　B. 面向对象

　　C. 事件驱动　　　　　　　　　D. 可视化

7．启动 VB 有多种方法，以下不正确的是_____。

　　A. 通过"开始"菜单的"程序"命令

　　B. 通过"开始"菜单的"运行"命令

　　C. 通过"我的电脑"找到相应程序的可执行文件

　　D. 通过 DOS 方式直接运行相应程序

8．以下叙述中错误的是_____。

　　A. 标准模块文件的扩展名.bas

　　B. 标准模块文件是纯代码文件

　　C. 在标准模块中声明的全局变量可以在整个工程中使用

　　D. 在标准模块中不能定义过程

9．在 VB 集成开发环境中，运行 VB 程序的快捷键为_____。

　　A. F1　　　　B. F2　　　　C. F4　　　　D. F5

10．快捷键_____的功能相当于执行文件文件菜单中的打开工程命令，或者相当于单击工具栏上打开工程按钮。

　　A. Ctrl+A　　B. Ctrl+C　　C. Ctrl+X　　　D. Ctrl+O

第 2 章 设计简单的 Visual Basic 应用程序

学习目标与要求：

- 熟练掌握建立应用程序的步骤。
- 通过实例掌握添加控件、设置属性和编写代码的方法。
- 熟练掌握常用公共属性。
- 熟练掌握标签、文本框、命令按钮的属性、事件。
- 熟练掌握窗体的属性、方法、事件。

2.1 第一个简单的 VB 程序

如何用 VB 编写程序呢？本节将通过一个简单的 VB 程序实例来介绍 VB 应用程序的开发过程。

【例 2.1】 第一个简单的 VB 程序。

项目说明：用户界面由 VB 的多个对象组成，运行程序时出现的窗口是窗体，窗体上有 3 个命令按钮、2 个标签和 1 个文本框。其程序运行界面如图 2.1 所示。

程序运行后，在"输入字号"文本框中输入字号，单击"改变字号"按钮，则可改变标签中文字大小；单击"向右走"按钮，则标签会向右移动；单击"结束"按钮，则结束程序运行。

在此实例中，窗体作为控件的容器是程序运行的窗口，窗体和其中的控件被统称为对象。在窗体上包含了标签、文本框和命令按钮，它们是构成 VB 应用程序的最基本的 3 个控件。

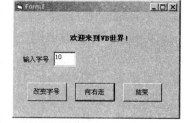

图 2.1　程序运行界面

下一节将以此程序为例，介绍 VB 应用程序的设计步骤。

2.2 VB 应用程序设计的基本步骤

设计 VB 应用程序一般需要以下几个步骤。

（1）创建用户界面。

（2）设置对象属性。

（3）编写事件代码。

（4）保存运行程序。

下面按照以上的应用程序设计步骤来建立例 2.1 "第一个简单 VB 程序"，从中了解面向对象编程的基本思想，体会面向对象程序开发的一般步骤。

2.2.1　创建用户界面

用户界面是应用程序与用户之间进行交互的接口，也就是一个应用程序的运行窗口。创建用户界面就是要创建程序窗体并在窗体上添加控件，对于一个新的应用程序来说，要从新建工程开始。

1.　新建工程和窗体

启动 VB 6.0，在"新建工程"对话框中选择新建一个"标准 EXE"工程。此时系统会自动创建"工程 1"和一个默认的窗体"Form1"，下面的操作都是在 Form1 上完成的。

2.　添加控件

在窗体上添加控件的方法有两种。

（1）双击工具箱中所需的控件图标，在窗体上即出现一个默认大小的对象框，用户可在窗体中拖动鼠标对其进行缩放及移动操作。

（2）单击工具箱中相应的控件图标，将鼠标移到窗体上，此时鼠标光标变为"+"号，将"+"号移到窗体适当位置，按下鼠标左键向右下方拖动至所需大小后松开鼠标，此时在窗体上生成一个指定大小的对象框。

下面用方法（2）为例 2.1 添加命令按钮。单击工具箱中的"CommandButton"，然后将鼠标指针移到窗体上，按住鼠标左键向右下角拖拽，得到如图 2.2 所示的命令按钮时松开鼠标左键。此时带有选择柄的命令按钮出现在窗体上，命令按钮上显示的内容默认为 Command1，命令按钮的名称默认也是 Command1。命令按钮的大小及位置可以通过鼠标拖拽进行修改。

按上述方法，继续添加 2 个命令按钮，名称分别是 Command2 和 Command3。再添加 2 个标签，名称为 Label1 和 Label2。1 个文本框，名称为 Text1。拖拽鼠标调整好控件的大小和位置，创建后的用户界面如图 2.3 所示。

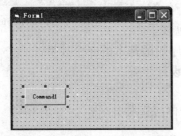

图 2.2　添加 CommandButton 控件

图 2.3　添加控件后的用户界面

3.　调整对齐控件

窗体中的多个控件常需要进行对齐和调整，如多个控件的对齐、多个控件的间距调整、统一大小、前后顺序的调整等。

调整对齐控件的操作方法：先选定多个待调整的控件，然后使用"格式"菜单中的

相应命令；或者通过"视图"菜单中的"工具栏"，选择"窗体编辑器"打开窗体编辑
工具栏，使用其中的工具进行控件的调整操作。

同时选定多个对象的方法有两种。

（1）单击鼠标选中第一个控件，然后按住 Shift 键或 Ctrl 键，分别单击其他控件。

（2）与 Windows 下选定多个连续文件或文件夹相似，在窗体空白处按下鼠标左键拖
动鼠标光标，将欲选定的对象包围在一虚框中然后释
放鼠标左键即可。

一旦成组选择控件，被选择的控件就可以像单个
控件一样进行移动、复制、删除、设置相同属性等。

同时选中图 2.3 中的 3 个命令按钮并分别选择"格
式"菜单，进行"对齐｜中间对齐"，"水平间距｜相
同间距"后，用户界面如图 2.4 所示。

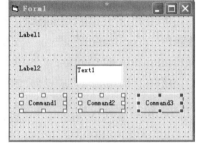

图 2.4　调整对齐后用户界面

2.2.2　设置对象属性

窗体及控件创建好以后，并没有显示出我们要求的程序界面，如命令按钮上的文字、
标签显示的内容等，都需要通过修改属性才能实现。设置控件对象属性要先选中一个或
多个控件，然后修改相应属性值。

VB 中设置或改变对象的属性有两种方法。

（1）在界面设计阶段，可通过属性窗口的属性框直接设置对象的属性。

（2）在编码阶段，可通过语句来实现属性的改变，语句格式为：对象.属性名=属性值。
下面使用方法（1）为例 2.1 设置对象属性。

1. 设置标签属性

单击标签 Label1 将其选中，在属性窗口中找到 Caption 属性，将其右侧属性值改为
"欢迎来到 VB 世界！"。再找到 AutoSize 属性，将其属性值修改为"True"，如图 2.5 所
示，这时标签的显示内容就发生了变化，而且标签可随显示内容自动调整大小。

在属性窗口中继续找到 Font 属性，用来设置标签显示文字的字体，单击右侧按钮，
弹出"字体"对话框，如图 2.6 所示。将字体设置为"宋体"，字形设置为"粗体"、大小
设置为"9"，然后单击"确定"按钮。这时标签的标题按照指定的字体、字形和大小显示。

图 2.5　为标签设置属性

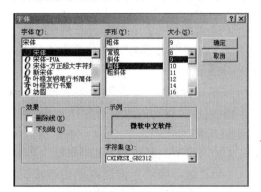

图 2.6　"字体"对话框

2. 设置文本框属性

单击选中文本框 Text1，在属性窗口找到 Text 属性，将其属性的当前值"Text1"清空。

3. 设置命令按钮属性

单击命令按钮 Command1，在属性窗口左列栏中找到的 Caption 属性，将其属性的当前值"Command1"改为"改变字号"。用同样的方法，分别将命令按钮 Command2 和 Command3 的 Caption 属性的当前值改为"向右走"和"结束"。

这样，应用程序的用户界面外观已经设计完成，接下来要进入编码阶段。

2.2.3 编写事件代码

每个窗体有自己的代码窗口，专门用于显示和编辑应用程序源代码，如图 2.7 所示。打开代码窗口有以下 3 种方法。

（1）由"视图"菜单中选择"代码窗口"命令。

（2）从工程资源管理窗口中选择一个窗体或标准模块，并单击"查看代码"按钮。

（3）双击要查看或编辑代码的窗体或控件本身。

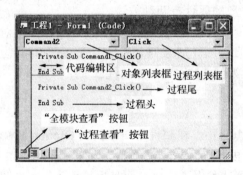

图 2.7　代码窗口

1. 代码窗口

代码窗口中各部分组成如下。

（1）对象列表框：单击对象列表框下拉按钮，可显示窗体中已经添加的所有对象名。其中，"通用"表示与特定对象无关的通用代码，一般利用它声明模块级变量或用户编写自定义过程。

（2）过程列表框：在对象列表框选择某一对象名，在过程列表框中选择事件过程名，代码窗口中会自动生成该对象指定事件过程头及过程尾，用户可以在过程头尾内的代码编辑区中输入代码。

（3）代码编辑区：用户在此输入和编辑代码。

（4）"过程查看"按钮：单击该按钮，代码窗口只能显示出所选定过程代码。

（5）"全模块查看"按钮：单击该按钮，代码窗口中显示模块中全部过程代码。

2．编写过程代码

添加到窗体上的控件还不能完成其功能，如果希望单击命令按钮时能执行某些操作，则需要编写相应的事件代码。

双击例 2.1 窗体上的"改变字号"命令按钮，打开 Command1 的代码（Code）窗口，如图 2.8 所示。

代码窗口中的两行程序语句是由 VB 系统自动给出的，在这两行程序语句之间输入以下程序语句：

```
Label1.FontSize = Text1.Text
```

按上述方法，分别双击 Command2 和 Command3 命令按钮，分别编写它们的单击事件过程代码，代码内容如图 2.9 所示。

图 2.8　输入代码前的代码窗口　　　　图 2.9　输入代码后的代码窗口

每输入完一行代码并按 Enter 键后，VB 会自动检查该行的语法错误。如果语句正确，则自动以不同颜色显示代码的不同部分，并在运算符前后加上空格。

编辑代码时，VB 接受 Windows 的编辑技术，可以选择复制、剪切、粘贴命令，快速完成代码的复制、移动和删除。

3．代码编辑器

代码编辑器提供了许多便于编写 VB 代码的功能，这些功能通过编辑器选项来设置。

选择"工具｜选项"命令，打开"选项"对话框，在该对话框中选择"编辑器"选项卡，如图 2.10 所示。"编辑器"选项卡分为两部分，即"代码设置"和"窗口设置"。

代码设置包括以下几个内容。

（1）自动语法检测：选择该项，则自动校验键入的程序行的语法是否正确。

（2）要求变量声明：选择该项，则强制显式声明变量，所有变量必须先声明才能使用。

（3）自动列出成员：选择该项，将在输入代码的过程中显示列表框，列出适当的选择参数。例如，当输入一个控件名并跟有一个句点时，将显示列表框并自动列出这个控件的所有属性及方法，如图 2.11 所示。此时键入属性名的前几个字母，就可以从列表框中选中该属性名，按 Tab 键即可完成输入。

（4）自动显示快速信息：选择该项，将自动显示关于函数及其参数的信息。

（5）自动显示数据提示：选择该项，当鼠标位于某个变量上时，自动显示该变量的值。

图 2.10　代码编辑器　　　　　　　　　图 2.11　自动列出成员

（6）自动缩进：选择该项，当输入代码时，后续行以前一行的缩进位置为起点。

（7）Tab 宽度：设置制表符宽度，其范围为 1～32 个空格，默认值是 4 个空格。

窗口设置包括以下几个内容。

（1）编辑时可拖放文本：选择该项，则可从"代码"窗口向"立即"或者"监视"窗口内拖放文本。

（2）缺省为整个模块查询：选择该项，将为新模块设置默认状态，可以在代码窗口内查看多个过程，等同于按下代码窗口左下角的"全模块查看"按钮。

（3）过程分隔符：设置显示或隐藏出现在代码窗口中每个过程结尾处的分割线。此选项只有在"缺省为整个模块查询"被选中时才生效。

2.2.4　保存、装入、运行程序

至此，我们已经创建了第一个 VB 程序，为了验证该程序能否完成所要求的功能，则需运行程序，但在运行程序之前先要对工程及文件进行保存。

VB 应用程序包含 4 种类型的文件。

（1）窗体文件，扩展名为.frm。

（2）工程文件，扩展名为.vbp。

（3）类模块文件，扩展名为.cls。

（4）公用的标准模块文件，扩展名为.bas。

单击保存命令，VB 会依次保存这几种类型的文件。在例 2.1 中，只有窗体文件（.frm）和工程文件（.vbp）。保存程序时，系统提示先提示保存窗体文件再保存工程文件。

1.　保存程序

单击工具栏中"保存工程"按钮，或选择菜单"文件 | 保存工程"命令，将先后弹出两个保存对话框，第 1 个为"文件另存为"对话框，用来保存窗体文件，如图 2.12 所示；第 2 个为"工程另存为"对话框，用来保存工程文件，如图 2.13 所示。

在对话框中，"保存在"下拉列表框中显示的是文件的保存路径，默认的文件保存路径为"C:\Program Files\Microsoft Visual Studio\VB98"，如果想保存在新的路径下，则应打开"保存在"下拉列表框，选择新的保存路径。此例中新建了一个学号文件夹"10339020"，用来保存程序文件。

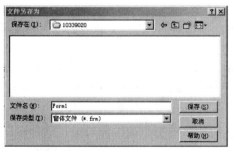
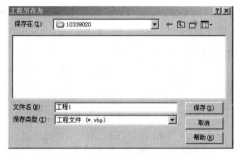

图 2.12　"文件另存为"对话框　　　　　　　　图 2.13　"工程另存为"对话框

选择好保存路径后，还要分别设置"文件名"和"保存类型"，此例中的"文件名"均为默认文件名，"保存类型"均为默认文件扩展名。如果不想使用默认文件名，可以键入新的文件名。但是，文件的保存类型通常使用默认保存类型，不可任意修改，如"窗体文件（*.frm）"、"工程文件（*.vbp）"等。

需要注意的是，如果对已保存的程序进行了修改（包括界面和代码），需要再次保存程序，可以单击工具栏中"保存工程"按钮 📄，但是此时将不会弹出保存对话框，而是直接在原有文件上进行更新。如果要为程序保存副本，需要选择"文件"菜单下的"工程另存为"和"XXX.frm 另存为"命令，分别对工程和窗体文件进行另存为操作。

2. 装入程序

退出 VB 系统之后，如果想要再次运行程序，除了需要启动 VB 系统，还需进行程序的装入。不管一个工程包含多少窗体文件和其他模块文件，只需装入工程文件即可。例 2.1 中通过上面的保存过程保存了两个文件，分别是窗体文件（Form1.frm）和工程文件（工程 1.vbp），下一次打开程序时，可以在"我的电脑"中，找到工程文件（工程 1.vbp）直接双击即可。也可以通过选择"文件 | 打开工程"命令，在"打开工程"对话框中打开工程文件，如图 2.14 所示。默认的"现存"选项卡，可以按路径找到已经存在的工程文件。"最新"选项卡则显示最近使用的文件。

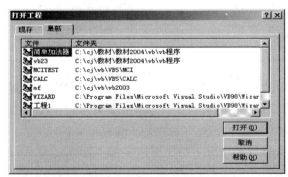

图 2.14　"打开工程"对话框

3. 运行程序

在 VB 环境中，程序可以用解释方式运行，也可以编译后运行，即生成可执行文件

（.EXE），脱离 VB 环境直接在 Windows 环境下运行。

（1）解释运行。选择"运行 | 启动"命令，或者单击工具栏上的"启动"按钮▶，或者直接按下 F5 键都可以解释运行程序。

（2）处理程序中的错误。程序运行时，难免会出现错误，此时应该分析产生错误的原因，修改错误以后才能继续编辑或运行程序，直到程序运行结果与预期结果相同为止。

程序中的错误一般分为以下 3 类。

（1）编译错误。VB 编译器遇到不正确的代码时，就会出现编译错误，这种错误多数是由于在键入代码时出错。例如，可能拼错了某个关键字，丢掉了某些必需的标点，或使用了 If 语句却没有使用 End If 语句等。

VB 具有智能编辑功能，所以有些编译错误在编写代码时会立即被发现并给出提示，如"语句格式不完整"或"缺少表达式"等错误，如图 2.15 所示。而有些编译错误则在程序运行时出现提示，如图 2.16 所示。

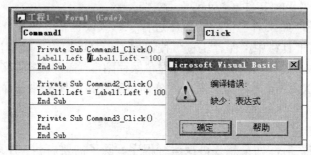

图 2.15　编写代码时提示的编译错误

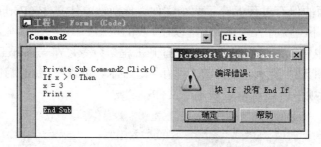

图 2.16　运行时提示的编译错误

（2）实时错误。实时错误是指在程序运行时发生的错误。此时，程序运行处于中断模式，系统给出错误编号及错误位置的提示，需要单击"调试"按钮，返回代码窗口，修改错误代码以后再继续运行程序。常见实时错误如下。

① 要求对象。这种错误一般是由于对象名输入错误，系统找不到相应的对象。例如，例 2.1 在程序中文本框的名称为 Text1，如果在程序代码中被写成 Txt1，语句如下：

```
Label1.FontSize = Txt1.Text
```

当运行此语句时，系统找不到 Txt1 对象，则会出现错误提示，如图 2.17 所示。单击"调试"按钮中断程序，代码窗口中会提示出错的语句（以黄色底纹标出），将此句修改正确后需要重新运行程序。此类错误对初学者来说，是最容易出现的一种错误。

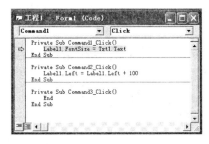

图 2.17　实时错误 424

② 溢出，如图 2.18 所示。这种错误是由于程序变量值引用不正确引起的。例如，变量赋值超出其数据类型的范围，或者除法运算的除数为 0 时，都会导致这样的运行错误。

③ 下标越界，如图 2.19 所示。这种错误是在使用数组时发生的。当引用的数组下标超出声明的数组下标范围时，就会导致这种错误。

图 2.18　实时错误 6　　　　　　　　　　图 2.19　实时错误 9

（3）逻辑错误。程序可以顺利运行完毕，但没有产生希望的运行结果。这类错误是最难处理的，因为没有任何错误的提示，只能从运行结果中发现。逻辑错误一般是程序设计算法上的错误，所以需要重新分析算法和运行结果才能改正错误。

4．调试程序

程序调试过程中可以用单步调试、中断调试的方法来逐语句、逐过程地执行代码，以帮助确定代码中错误的具体位置。

（1）单步调试。选择"调试｜逐语句"命令，或按下 F8 键，可以使程序逐条语句运行；选择"调试｜逐过程"命令，或按下 Shift+F8 键，可以仅运行一个过程。

（2）中断调试。设置断点方法：将光标移动到程序中需要中断的语句位置，选择"调试｜切换断点"命令，或者直接在代码窗口中的某语句前的空白区域单击鼠标。设置断点后的代码窗口如图 2.20 所示；清除断点可以选择"调试｜清除断点"命令。

程序运行到断点处，会自动中断运行，此时，只要将鼠标指针指向程序代码中的变量，则会显示该变量的当前值。通过分析可以帮助发现程序中逻辑错误。

5．生成可执行文件

经过运行调试后的程序，要使其脱离 VB 环境能在 Windows 下直接运行，就必须经过编译建立可执行文件。

（1）选择"文件｜生成工程 1.exe"命令，显示如图 2.21 所示对话框。

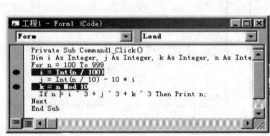 

图 2.20　设置断点后的程序代码　　　　　　　　图 2.21　生成可执行文件

（2）"保存在"列表框中显示的是文件的保存路径，如果不想保存在默认路径下，应该选择新的保存路径。"文件名"中显示的是生成的可执行文件名称，默认的可执行文件与工程文件同名，其扩展名为.exe。如果不想使用默认文件名，则应键入新文件名。例 2.1 中，将生成可执行文件"第一个 VB 程序.EXE"。

（3）单击"确定"按钮，即可生成可执行文件。

在 Windows 环境下运行时，只需在"我的电脑"中找到该文件，双击文件名即可。

2.3　面向对象程序设计基本概念

对象是 VB 编程的核心，窗体和控件都是对象。在例 2.1 中，我们向窗体上添加了 3 个命令按钮，这些命令按钮已经具备了基本的外观特征和功能，但这并不用编写程序去实现，这是因为"命令按钮"这个控件已经包含了这些功能的代码。这就是面向对象程序设计的特点，不需要关心对象的详细实现过程就可以直接将其应用到程序中，简化了编程的过程。

2.3.1　对象与类

对象是具有特殊性质（属性）和行为方式（方法）的实体，在现实生活中到处可以见到，如一辆汽车可看作一个对象，汽车的型号、价格、外观等特性称为"属性"，汽车的启动、加速、减速等是汽车行为，称为"方法"。对象的概念是相对的，根据观察者的角度可将对象分解和综合，如汽车还可分解为车头、车尾，也可分解为发动机、车轮等对象，分解后的对象又都分别具有不同的属性和行为。

类是具有共同抽象的对象的集合，在面向对象的程序设计中，类是创建对象实例的模板，它包含所创建对象的共同属性描述和共同行为特征的定义，即对象是类的实例。例如，各种各样的汽车可以看作一个汽车类，具体到某一辆特定的汽车则称为汽车类的一个实例，即一个对象。

VB 中的类可分为两种：一种是由系统设计好，可以直接使用的类；另一类是由用户定义的类，本书中重点介绍第一种。在上一节所介绍的工具箱中的标准控件均为 VB 系统设计好的标准控件类，当开发者在窗体上"画"一个控件的过程即为该控件类的实例化，将控件类转换成了一个控件对象，以后简称为控件。除了用户大量使用的窗体和控件对象外，VB 还提供了一些系统对象，如打印机（Printer）、剪贴板（Clipboard）、屏幕（Screen）等，在后面的章节中将涉及系统对象的使用。

在面向对象程序设计中，"对象"是系统中基本的运行实体。建立一个对象后，其操作是通过与该对象有关的属性、事件和方法来描述的。属性、事件和方法也称为对象的三要素。

2.3.2　对象的属性

1. 对象的属性

属性是对象的特征，不同的对象有不同的属性。对象常见的属性有名称（Name）、标题（Caption）、颜色（Color）、字体（Font）等。

2. 属性设置的两种方法

（1）通过属性窗口设置对象的属性。

属性窗口一般在 VB 环境的右侧，如果属性窗口没有打开，可以通过下面 3 种方式打开。

① 单击"工具栏"上的属性按钮 。

② 选择"视图｜属性窗口"。

③ 按下 F4 键。

属性窗口中可以按字母序或按分类序排列当前对象的所有属性。设置属性时，先在左侧栏中找到相应的属性名称，然后修改右侧的属性值。

（2）在程序中用程序语句设置。

格式：对象名.属性名＝属性值

例如，

```
Label1.Caption= "欢迎来到 VB 世界！"
```

则将标签 **Label1** 的标题属性值设置为"欢迎来到 **VB** 世界！"。

这两种方法都可以实现属性的修改，但是又有区别：大多数属性在属性窗口中修改以后，窗体中可以立刻看到控件状态的变化。如例 2.1 中，修改标签和命令按钮的 Caption 属性以后，立刻就可以看到窗体上的标签和命令按钮显示内容发生了变化。而如果使用方法（2）在程序代码中用语句实现，则需要运行程序时属性设置才能生效。

在一个程序中应该使用哪种方法设置属性需要根据实际情况考虑。但是需要注意的是，有些属性仅允许在属性窗口中设置，如 Name 属性。而有些属性必须在程序代码中利用语句进行设置，如文本框的 SelStart、SelLength 和 SelText 属性等。

2.3.3　对象的事件

传统高级语言使用的是面向过程、按顺序执行的编程机制，这种编程机制的缺点是程序员必须要关心什么时候发生什么事情。VB 采用的是事件驱动的编程机制，在这种机制下，程序员只要编写若干个响应用户动作的事件代码，如鼠标单击、选择命令等，这些代码的执行则由用户启动的事件来触发。

1．事件

所谓事件（Event），是指由系统预先设计好的，能被某一对象识别的动作。如单击（Click）、双击（DblClick）、键盘按下（KeyPress）、载入窗体（Load）、移动鼠标（MouseMove）等都是事件。不同的对象所能识别的事件不同，如窗体能识别单击和双击事件，而命令按钮只能识别单击事件。当事件由用户触发（如窗体的 Click 事件）或由系统触发（如窗体的 Load 事件）时，对象就会执行该事件的代码，即对事件作出响应。例如，在例 2.1 中，程序运行时，用户单击"向右走"命令按钮时，触发了 Command2 的单击（Click）事件，相应的事件代码被执行，从而实现了窗体上的标签向右移动。

2．事件过程

响应某个事件后，所执行的程序代码叫做事件过程（Event Procedure）。
格式：
　　　　Private Sub 对象名_事件名 ([参数列表])
　　　　　　…
　　　　　　事件响应程序代码
　　　　　　…
　　　　End Sub
这里的"对象名"指的是该对象的名称属性，"事件名"是由 VB 预先定义好的该对象的事件。
例如，在例 2.1 中，程序运行时，用户单击"改变字号"命令按钮时，发生了 Command1 的单击（Click）事件，系统就会执行下面这个事件过程。

```
Private Sub Command1_Click()
    Label1.FontSize = Text1.Text
End Sub
```

当用户单击"向右走"、"结束"按钮时，分别触发了 Command2、Command3 的 Click 事件，系统会分别执行相应的事件过程。

```
Private Sub Command2_Click()
    Label1.Left = Label1.Left + 100
End Sub
Private Sub Command3_Click()
    End
End Sub
```

2.3.4　对象的方法

在面向对象程序设计中，引入了称为"方法（Method）"的特殊过程和函数。方法的操作与过程和函数的操作相同，但"方法"是特定对象的一部分，正如"属性"和"事件"一样。
格式：对象名.方法名[参数列表]

例如，在 VB 中，提供了一个名为 Print 的方法，当把它用于不同的对象时，可以在不同的对象上输出信息，下面的语句可以实现在对象名为"Form1"的窗体上显示字符串"Visual Basic 程序语言设计"。

```
Form1.Print "Visual Basic 程序语言设计"
```

如果语句改为：

```
Printer.Print "Visual Basic 程序语言设计"
```

执行时，将在对象名为"Printer"的打印机上打印字符串"Visual Basic 程序语言设计"。

在调用方法时，可以省略对象名。在这种情况下，VB 所调用的方法作为当前对象的方法，一般把当前窗体（Me）作为当前对象。下面的 3 条语句，执行时都将在当前窗体上显示字符串"Visual Basic 程序语言设计"。

```
Print "Visual Basic 程序语言设计"
Me.Print "Visual Basic 程序语言设计"
Form1.Print "Visual Basic 程序语言设计"
```

VB 提供了大量的方法，了解对象的方法是学习 VB 程序设计的一个重要方面，在以后的章节中我们将分别介绍各种对象及其方法。

2.4　标签、文本框和命令按钮

在应用程序窗体中，标签、文本框和命令按钮是 3 个必不可少的基本控件。其中，标签仅用于在窗体上显示有关程序的文本，而文本框既可以显示文本，也可以用于接收用户的信息，并在程序中使用这些信息。命令按钮可以用来控制预先编好的事件过程的发生，是应用程序与用户进行交互最常用的控件。

2.4.1　常用属性

VB 中的对象都有自己的属性，其中有　部分属性是大多数控件所共同具有的，如名称属性（Name）、是否可见属性（Visible）等。下面介绍一些控件的常用属性。

1. Name（名称）属性

该属性是所有对象都具有的属性，它是所创建对象的名称，为字符串型。所有的对象在创建时都会由 VB 自动提供一个默认名称，如 Form1、Form2、Label1、Text2 等。Name 属性在属性窗口的第一行，即"名称"框中进行修改。Name 属性的值将作为对象的标识在程序中被引用，但不会显示出来。

需要注意的是，Name 属性只能在属性窗口里设置，在程序运行时是只读的，不可以用赋值语句更改。例如，Form1.Name = "NewName" 是错误代码。

2. Caption（标题）属性

该属性的值为字符串型，表示所属对象的标题，将显示在对象上。窗体的标题将显示在窗体的标题栏中。

在默认情况下，对象的 Caption 属性值与 Name 属性值相同，但 Caption 属性值可以在程序中用赋值语句重新设置。例如，

```
Form1.Caption = "我的窗体"
```

3. Height 和 Width（高度、宽度）属性

Height 和 Width 属性用来设置和返回控件对象的高度和宽度，属性值均为数值型，它们决定了控件对象的大小，如图 2.22 所示。

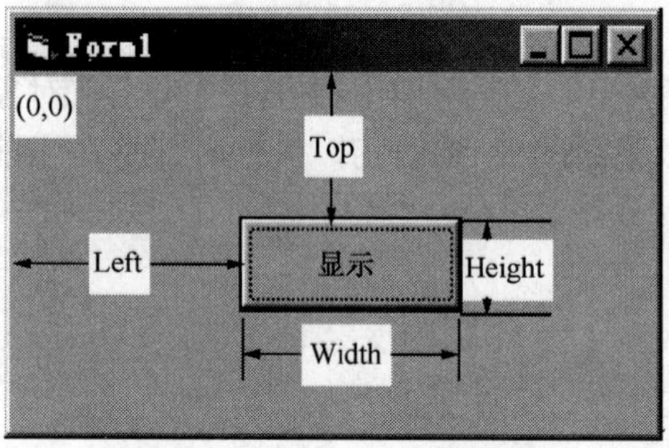

在窗体上设计控件时，VB 自动提供了缺省坐标系统，窗体的上边框为坐标横轴，左边框为坐标纵轴，窗体左上角顶点为坐标原点（0,0），单位为 twip。1twip=1/20 点=1/1440 英寸=1/567 厘米。

图 2.22　控件位置属性

4. Top 和 Left（顶边距、左边距）属性

Top 和 Left 属性决定了控件对象在其父对象中的位置，属性值为数值型。例如，当一个命令按钮控件放置到窗体上时，Top 表示控件到窗体顶端的距离，Left 表示控件到窗体左端的距离，如图 2.22 所示。对于窗体，Top 表示窗体到屏幕顶端的距离，Left 表示窗体到屏幕左端的距离，此时屏幕是窗体的父对象。

5. Enabled（可用）属性

该属性用来设置控件是否有效。属性值为逻辑型，默认值为 True。
True：允许用户操作，并对操作作出响应。
False：禁止用户操作，呈暗淡色。
例如，

```
Text1. Enabled= False          '使文本框 Text1 不可用
```

6. Visible（可见）属性

该属性用来设置控件是否可见。属性值为逻辑型，默认值为 True。
True：程序运行时控件可见。
False：程序运行时控件隐藏。

7. Font（字体）属性

该属性用来设置文本的外观，可以在程序中设置，也可以在属性窗口中设置，其属性对话框如图 2.23 所示，默认情况下为宋体、小五号字。
FontName：设置字体类型，属性值为字符串型，如"宋体"、"隶书"。
FontSize：设置字的大小，属性值为整型，如 28、32。

FontBold：设置字形是否粗体，属性值为逻辑型。

FontItalic：设置字形是否斜体，属性值为逻辑型。

FontStrikethru：设置文本是否加删除线，属性值为逻辑型。

FontUnderline：设置文本是否加下划线，属性值为逻辑型。

8. BackColor（背景色）属性

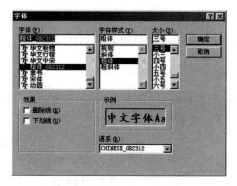

图 2.23　"字体"对话框

该属性用来设置对象的背景色（即正文以外的显示区域的颜色），其值为十六进制常数。在属性窗口列表中选择 BackColor，单击右边的█，将弹出一个列表，用户可以通过选择"调色板"或"标签"内的颜色完成属性设置，也可以直接键入颜色值，或使用 VB 颜色常量。例如，

```
Form1.BackColor=&HFF00AA        '将窗体背景色设置为紫色
Form1.BackColor=VBWhite         '将窗体背景色设置为白色
```

9. ForeColor（前景色）属性

该属性用来设置对象的前景色（即正文颜色），其值是一个十六进制常数，用户可以在"调色板"中直接选择所需颜色，设置方法与 BackColor 属性的设置方法相同。

10. BackStyle（背景样式）属性

该属性用来设置对象的背景样式。属性值为数值型。

0—Transparent：透明，即不显示控件背景色。

1—Opaque：不透明，此时可为控件设置背景颜色。

11. BorderStyle（边框样式）属性

该属性用来返回和设置控件边框样式。属性值为数值型。

0—None：控件周围没有边框。

1—Fixed Single：控件带有单边框。

12. Alignment（对齐样式）属性

该属性用来设置正文在控件上的对齐方式。属性值为数值型。

0—Left Justify：正文左对齐。

1—Right Justify：正文右对齐。

2—Center：正文居中对齐。

13. AutoSize（自动调整）属性

该属性用来设置控件是否可以根据正文自动调整大小。属性值为逻辑型。

True：可以自动调整大小。

False：保持原设置时的大小，正文若太长将自动裁剪。

14. TabIndex 属性

TabIndex 属性值决定了对象的 Tab 顺序，即按 Tab 键时焦点在各个控件间轮换的顺序。该属性值为数值型。

焦点是指对象接收用户鼠标或键盘输入的能力，当对象具有焦点时，可接收用户的输入，否则将不能接收用户的输入。当向窗体上添加多个控件时，系统会自动为它们分配一个 Tab 顺序。在默认情况下，其 Tab 顺序与控件建立的顺序相同，即第 1 个建立的控件的 TabIndex 属性值为 0，第 2 个为 1，以此类推。若要改变控件的 Tab 顺序，可以通过设置 TabIndex 属性来实现，TabIndex 属性值可在属性窗口中或在应用程序中进行设置。

需要注意的是，在程序运行时，不可见或无效的控件不能得到焦点，另外 Frame 和 Label 等不需要输入操作的控件也得不到焦点。

15. 控件默认属性

每个控件对象有且只有一个属性可以直接由控件名来代表。例如，对文本框的 Text 属性赋值，可以用 Text1 代表 Text1.Text。例如，

```
Text1.Text="Visual Basic"
```

可以简写为：

```
Text1="Visual Basic"
```

VB 中把这个特殊的属性叫做控件的默认属性。一般控件的默认属性是该控件最重要的属性。控件的默认属性如表 2.1 所示。

表 2.1　几个常用控件的默认属性

控　件	默 认 属 性	控　件	默 认 属 性
文本框	Text	标签	Caption
命令按钮	Value	图片框、图像框	Picture
单选钮	Value	复选框	Value
滚动条	Value	列表框、组合框	Text

2.4.2　标签

标签主要用来显示文本信息，它所显示的内容只能通过对 Caption 属性的设置或修改来实现，不能在程序运行时直接编辑。

1. 属性

（1）标签的常用属性。标签的常用属性有 Name、Caption、Height、Width、Top、Left、Enabled、Visible、FontName、FontSize、FontBold、FontItalic、FontUnderline、Alignment、AutoSize 和 BorderStyle 等。

【例 2.2】　设计程序，使其在窗体上显示 5 个外观不同的标签控件。

项目设计：在 Form1 窗体上添加 5 个标签，其名称为默认值 Label1～Label5，并在属性窗口中分别设置其属性。各属性设置如表 2.2 所示，程序运行结果如图 2.24 所示。

表 2.2　属性设置

对　象	属　性	属 性 值	对　象	属　性	属 性 值
Label1	Caption	左对齐	Label4	Caption	背景白色
	Alignment	0		BackColor	&H00FFFFFF&
	BorderStyle	1		BorderStyle	0
Label2	Caption	居中	Label5	Caption	前景红色
	Alignment	2		ForeColor	&H000000FF&
	BorderStyle	1		BorderStyle	0
Label3	Caption	自动			
	BorderStyle	1			
	AutoSize	True			

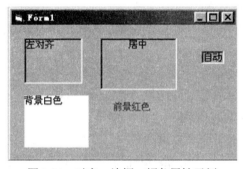

图 2.24　对齐、边框、颜色属性示例

（2）WordWrap 属性。WordWrap 属性控制 Caption 属性的内容能否自动换行，该属性只对汉字有效。属性值为逻辑型，默认值为 False。

True：标签会改变高度与标题文本相适应，宽度则与原来标签宽度相同。

False：标签的宽度扩展到标题中最长的一行，在高度方向显示标题的所有行。但是注意只有将 AutoSize 属性设置为 True 时，对 WordWrap 属性的设置才起作用。

2．事件

标签的常用事件有单击（Click）和双击（DblClick）。

2.4.3　文本框

文本框也称编辑框，既可以输入、编辑文本，也可以显示文本，是最常用的数据输入/输出控件。利用文本框，用户可以创建一个类似"记事本"的文本编辑器。

1．属性

（1）文本框的常用属性。文本框的常用属性有 Name、Height、Width、Top、Left、Enabled、Visible、FontName、FontSize、FontBold、FontItalic、FontUnderline 和 Alignment 等。

（2）Text 属性。该属性可以返回或设置文本框中的文本信息。其取值为字符串型，默认最大长度为 2048 个字符。

（3）Maxlength 属性。该属性用来设置文本框中能够输入的正文内容的最大长度。其取值为整数类型，默认设置为 0。

0：任意长字符串，但不能超过 32K。

非零整数，文本框中可容纳的字符数。

需要注意的是，在 VB 中字符长度以字为单位，一个西文字符与一个汉字都是一个字，长度为 1。

（4）MultiLine 属性。该属性用来返回或设置文本框中是否可以输入多行文本。其取值为逻辑型，默认设置为 False。

True：文本框可以输入或显示多行文本，同时具有文字处理器的自动换行功能，即输入的正文超出文本框时会自动换行。按 Ctrl+Enter 键可插入一空行。

False：只能输入单行文本。

（5）ScrollBars 属性。该属性用来设置文本框是否带有滚动条，其取值为整数类型，默认设置为 0。

0—None：无滚动条。

1—Horizontal：具有水平滚动条。

2—Vertical：具有垂直滚动条。

3—Both：同时具有水平和垂直滚动条。

需要注意的是，只有当 MultiLine 属性为 True 时，ScrollBars 属性才会有效。当加入了水平滚动条以后，文本框内的自动换行功能会失效，只有按 Enter 键才能回车换行。

（6）Locked 属性。该属性用来设置文本框在运行时是否可以被编辑，其取值为逻辑型，默认值为 False。

False：可以编辑。

True：文本框中的文本不可以被编辑，此时文本框的作用相当于标签。

（7）PasswordChar 属性。该属性为字符型，用于将 Text 属性值显示为指定字符。在默认状态下，该属性的值为空字符串，当用户在文本框中输入字符时，输入的字符可以在文本框中显示出来。如果把该属性值设为某一字符，则当用户在文本框中输入字符时，文本框中显示的不是输入的字符，而是该属性的设置值。例如，当 PasswordChar 属性设置为"*"时，用户在文本框中输入"jsj"，在文本框中显示的是"***"。

需要注意的是，该属性不改变 Text 属性值，只改变文本的显示结果。

（8）SelStart、SelLength 和 SelText 属性。用来返回程序运行时用户选中文本的相关信息，这 3 个属性只可以在语句中调用，不出现在属性窗口。

SelStart：整型，返回选中文本的开始位置，第 1 个字符的位置是 0。

SelLength：整型，返回选中文本的长度。

SelText：字符型，返回选中文本的内容。

设置了 SelStart 和 SelLength 属性后，系统会自动将选定的文本内容保存到 SelText 中。

【例 2.3】　　复制文本框中所选内容。

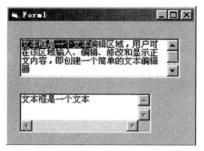

图 2.25　文本框应用举例

项目说明：设计程序，使得单击窗体时，程序会自动将第 1 个文本框的前 8 个字符选定并显示在第 2 个文本框中。程序运行结果如图 2.25 所示。

项目设计：

（1）创建界面。在窗体上添加 2 个文本框 Text1、Text2。其中，Text1 的 Text 属性设置为："文本框是一个文本编辑区域，用户可在该区域输入、编辑、修改和显示正文内容，即创建一个简单的文本编辑器"。

（2）设置属性。属性设置如表 2.3 所示。

表 2.3　文本框属性设置

对　象	属　性	属　性　值	说　明
Text1	MultiLine	True	允许多行显示
	ScrollBars	2—Vertical	只有垂直滚动条
Text2	MultiLine	True	允许多行显示
	ScrollBars	3—Both	同时加水平和垂直滚动条

（3）编写代码。

```
Private Sub Form_Click()
    Text1.SelStart=0          '将 Text1 中的第 1 字符设为要选择文本的起点
    Text1.SelLength=8         '将选择文本的长度定为 8 个字符
    Text2.Text=Text1.SelText  '将被选择的字符串存入 Text2 中
End Sub
```

2．事件

文本框控件支持 Change、KeyPress 和 LostFocus 等多个事件。

（1）Change 事件。当用户输入内容或当程序修改 Text 属性值时会触发该事件。用户每输入或删除一个字符就会触发一次 Change 事件。例如，用户键入"Hello"时，会发生 5 次 Change 事件。

（2）LostFocus 事件。当用户按下制表键（Tab）或单击其他对象，使当前文本框失去焦点时，则触发该事件。

Change 事件和 LostFocus 事件都可以用来检查 Text 属性值，但后者更为有效。

3．方法

文本框的常用方法：SetFocus。

格式：[对象名.]SetFocus

功能：该方法可以把焦点移到指定对象中。当在窗体上建立了多个文本框后，可以用该方法把光标置于所需要的文本框上。例如，当单击命令按钮时，将光标置于第一个文本框中，需要添加如下代码。

```
Private Sub Command1_Click()
    Text1.SetFocus              '让文本框 Text1 获取焦点
End Sub
```

说明：该方法还适用于可以获取焦点的其他对象，如 CheckBox、CommandButton 和 ListBox 等控件。

2.4.4　命令按钮

在程序中，命令按钮通常与单击事件过程相对应。在程序运行期间，用户单击命令按钮调用相应的事件过程，完成指定的功能。

在程序运行时，常用以下方法触发命令按钮。

（1）鼠标单击。

（2）按 Tab 键将焦点移到相应命令按钮上，再按 Enter 键。

（3）按 Alt+快捷键。

1. 属性

（1）基本属性。命令按钮基本属性有 Name、Height、Width、Top、Left、Enabled、Visible、FontName、FontSize 和 BackColor 等。

（2）Caption 属性。该属性为字符型，默认属性值为 Command1~CommandN。

在设置命令按钮的 Caption 属性时，如果在某个字母前添加字符"&"，则程序运行时标题中的该字母就会带有下划线，这个字母称为快捷键，当用户按下 Alt+快捷键时，相当于按下该命令按钮。例如，将 Command3 的 Caption 属性设置为"退出(&Q)"，运行程序时，用户按下 Alt+Q 键相当于单击该命令按钮。

（3）Default 属性。Default 属性是命令按钮的特有属性，属性值为逻辑型，默认值为 False。

1）True：Enter 键有效，按下 Enter 键相当于用鼠标单击了该命令按钮。在一个窗体中只能有一个命令按钮的 Default 属性值为 True。当某个命令按钮的 Default 属性值被设置为 True 后，该窗体中的其他所有命令按钮的 Default 属性将被自动设置为 False。

2）False：Enter 键无效。

（4）Cancel 属性。Cancel 属性也是命令按钮的特有属性，属性值为逻辑型，默认值为 False。

True：按 Esc 键相当于用鼠标单击了该命令按钮。在一个窗体中只能有一个命令按钮的 Cancel 属性值为 True，当某个命令按钮的 Cancel 属性值被设置为 True 后，该窗体中的其他所有按钮的 Cancel 属性将被自动设置为 False。

False：Esc 键无效。

（5）Value 属性。该属性用于检查命令按钮是否被按下，只能在程序运行期间设置或引用。属性值为逻辑型，默认值为 False。

True：命令按钮被按下。在程序运行过程中，如果将 Value 值设置为 True，可以直接触发命令按钮的 Click 事件。

False：命令按钮未被按下。

（6）Style 属性。该属性用于设置命令按钮的样式。

0—Standard：命令按钮上不能显示图形。

1—Graphical：命令按钮上可以显示图形，也可以显示文字。

若要改变命令按钮颜色或者在命令按钮上显示图形，首先必须将 Style 属性设置为 1，然后在 Picture 属性中设置需要显示的图形文件。若在 Picture 属性中选择了图形文件，如果 Style 属性值为 0，则图形仍不能显示。

（7）Picture 属性。该属性用来设置命令按钮上显示的图形，前提是 Style 属性值为 1。显示的图形文件可以是.bmp 和.ico 文件。

（8）ToolTipText 属性。该属性用来设置当鼠标在命令按钮上停留 1 秒时，在其提示框中显示的提示信息，其取值为字符型。例如，

```
Command1.ToolTipText = "确认后，单击此按钮"
```

2．事件

命令按钮的主要事件有 Click 事件，命令按钮不支持 DblClick 事件。

【例 2.4】　编写设置密码程序，设定密码为"hello"。

项目说明：程序运行时，用户在左侧文本框中输入密码，然后单击"确定"命令按钮，程序将核对用户输入的密码与事先设定的密码是否一致。如果一致，则在右侧文本框中显示"密码正确，继续进行！"；若不一致，则显示"密码错，重新输入！"。程序运行结果如图 2.26 所示。

项目设计：

（1）创建界面。在窗体 Form1 中添加 3 个命令按钮 Command1～Command3，2 个文本框 Text1 和 Text2。

（2）设置属性。属性设置如表 2.4 所示（名称属性取默认值）。

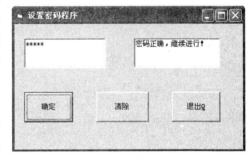

图 2.26　程序运行结果

表 2.4　属性设置

对　　象	属　　性	属 性 值
Form1	Caption	设置密码程序
Text1	Text	空
Text1	PasswordChar	*
Text2	Text	空
Command1	Caption	确定
Command2	Caption	清除
Command3	Caption	退出&Q

（3）编写代码。

```
Private sub Command1_Click()
```

```
        pass=Text1.Text
        If pass="hello" Then
            Text2.Text="密码正确，继续进行！"
        Else
            Text2.Text="密码错，重新输入！"
        End If
    End Sub
    Private Sub Command2_Click()
        Text1.Text = ""
        Text2.Text = ""
    End Sub
    Private Sub Command3_Click()
        End
    End Sub
```

2.5　窗　　体

执行 VB 应用程序时，桌面上的窗口就是窗体，窗体（Form）是所有控件的容器。新建工程时 VB 系统会自动创建一个窗体，默认名称为 Form1，在保存工程时，窗体也要作为文件保存在磁盘上，其扩展名为.frm。

2.5.1　窗体的常用属性

窗体的属性决定了窗体的外观，先单击选定窗体后，可以在属性窗口中进行窗体属性的设置。

1. 基本属性

窗体的基本属性有 Name、Caption、Font、BackColor、ForeColor、Height、Width、Left 和 Top 等。

需要注意的是，窗体的前景色是指在窗体上输出（由 Print 方法输出）的文本及绘制的图形的颜色，对于其中的标签、命令按钮等控件没有影响。

2. Appearance 属性

该属性用于设置窗体的显示效果，属性值为数值型。

0：窗体显示为平面效果。

1（默认值）：窗体显示为立体效果。

3. AutoRedraw 属性

该属性用于设置窗体失去焦点并又重新获得焦点时，自动重绘功能是否有效，即窗体上的内容是否会因为遮盖而消失。属性值为逻辑值。

True：自动重绘窗体上的所有内容。

False（默认值）：不会自动重绘窗体上的内容。

4. ControlBox 属性

该属性用于设置窗体是否具有控制菜单，属性值为逻辑值。
True（默认值）：窗体具有控制菜单。
False：窗体不具有控制菜单。

5. Enabled 属性

该属性用于设置窗体是否能够对键盘或鼠标产生的事件作出响应，默认值为 True，表示能够对事件作出响应。

6. BorderStyle 属性

该属性用于返回和设置窗体的边框样式。窗体的 BorderStyle 属性值如表 2.5 所示。

表 2.5　BorderStyle 属性值

样　　式	说　　明
0—None	无边框。无标题栏，不能改变窗体大小，运行时任务栏上无对应按钮
1—Fixed Single	固定单边框。无最大、最小化按钮，不能改变窗体大小
2—Sizable	可调整的边框（默认值）。有最大、最小化按钮，可以改变窗体大小
3—Fixed Dialog	固定对话框。有标题栏，但无最大、最小化按钮，不能改变窗体大小，运行时任务栏无该窗体按钮
4—Fixed ToolWindow	固定工具窗口。窗体大小不能改变，只显示关闭按钮，标题栏字体缩小
5—Sizable ToolWindow	可变大小工具窗口。窗体大小可以改变，只显示关闭按钮，标题栏字体缩小

7. MaxButton 和 MinButton 属性

决定窗体是否有最大化、最小化按钮。属性值为逻辑值。
True（默认值）：表示窗体的"最大化"、"最小化"按钮有效。
False：表示相应的按钮无效。
这两个属性只能在属性窗口中进行设置。

8. Moveable 属性

该属性用于设置窗体的位置是否可以被改变。默认值为 True，表示窗体可以被移动。

9. Picture 属性

该属性用于设置对象的背景图片，设置的方法有两种。

（1）在窗体属性列表中选择 Picture，单击其右边的按钮，会弹出如图 2.27 所示的"加载图片"对话框。选择一个图片文件后单击"打开"按钮，可以将选择的图片作为窗体背景图片；可以加载的图片类型有位图（.bmp）文件、JPEG（.jpg）文件、GIF（.gif）文件等。

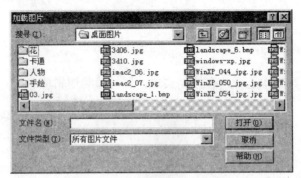

图 2.27   "加载图片"对话框

（2）在程序代码中设置该属性值，必须使用 LoadPicture 函数。例如，

```
Form1.Picture = LoadPicture("c:\picture\lake.bmp")
```

通过该语句可以在运行时将 "c:\picture\lake.bmp" 图片文件设置为窗体 Form1 的背景图片。如果图片文件 lake.bmp 与 Form1 所在的工程文件在同一路径下，那么在程序中可以使用下面的方法加载图片。

```
Form1.Picture = LoadPicture ("lake.bmp")
```

或

```
Form1.Picture = LoadPicture (App.Path+"\lake.bmp")
```

其中，函数 LoadPicture 的参数是字符串表达式，当参数为空时，表示清除图片。例如，下面的语句表示清除 Form1 中的图片。

```
Form1.Picture = LoadPicture()
```

另外，LoadPicture 函数除了可以把图片加载到窗体上之外，还可以把图片加载到图片框（PictureBox）和图像框（Image）控件上，详见第 9 章。

10. Visible 属性

该属性用于设置窗体是否可见。默认值为 True，表示窗体可见。

11. WindowsState 属性

该属性用来指定窗体启动后的初始大小，属性值为数值型，默认值为 0。
0—窗体以正常方式显示。
1—窗体最小化成图标。
2—窗体以全屏方式显示。

2.5.2   窗体的常用方法

窗体常用的方法有 Print、Cls 和 Move 等。

1. Print 方法

格式：[对象名.]Print 表达式

功能：用来在对象上输出表达式的值。

说明：

（1）当省略对象名时，默认在当前窗体上输出。

（2）表达式在窗体上输出的位置由窗体的 CurrentX 和 CurrentY 属性决定，在默认情况下，从（0,0）开始。执行完一次 Print 方法之后，CurrentY 自动加 1，即换到下一行。

（3）有关 Print 方法，将在第 4 章做更详细的介绍。

2．Cls 方法

格式：[对象名.]Cls

功能：清除对象上由 Print 方法显示的文本，或由 Pset、Line、Circle 等画图方法所画出的图形，且将光标移动到窗体左上角。

说明：

（1）当省略对象名而只写 Cls 时，默认清除当前窗体上的内容。

（2）该方法经常写为以下形式。

```
Cls 或 Me.Cls              '清除当前窗体
Picture1.Cls              '清除图片框 Picture1
```

（3）有关 Cls 方法，将在第 4 章做更详细的介绍。

3．Move 方法

格式：[对象名.]Move<左边距>[,<上边距>[,<宽度>[,<高度]]]

功能：移动窗体，且可同时改变其大小。

说明：

（1）左边距、上边距、宽度、高度均以 Twip 为单位。

（2）此方法也适用于其他可见控件，如命令按钮、标签、文本框等。宽度与高度表示对象的大小，左边距和右边距则表示与父对象的相对位置。如果对象是窗体，位置是相对屏幕而言的；若是放置在窗体内的控件，位置是以窗体作参考坐标的。

（3）左边距参数是必选的。若要指定任何其他参数，必须先指定该参数之前的参数。

（4）使用 Move 方法与修改对象的 Left、Top、Weight、Height 等属性值具有相同的效果。

4．Refresh 方法

格式：[对象名.] Refresh

功能：强制完全重绘窗体及窗体上的控件。

说明：窗体的绘制一般是自动进行的，并不需要使用 Refresh 方法。

2.5.3　窗体的常用事件

窗体常用的事件有 Click（单击）、DblClick（双击）、Load（装载）、Unload（卸载）、Activate（激活）等事件。

1. Click 事件

当用户单击窗体的空白区域或单击窗体上的一个无效控件时，Click 事件被触发。需要说明的是，Click 事件总是在 DblClick 事件之前先被触发。要区分操作中按下的是鼠标左键还是右键，应使用 MouseUp 或 MouseDown 事件。

2. DblClick 事件

用鼠标双击窗体空白区域或双击窗体上的一个无效控件时，DblClick 事件被触发。必须保证在系统双击时限内连续两次按下鼠标左键，才能触发 DblClick 事件；如果超过时限，将被看作单击而触发 Click 事件。在 Windows 的控制面板中设置鼠标的双击速度可以改变双击时间限制。

3. Activate 事件和 Deactivate 事件

当窗体获得焦点变成活动窗体时，就会触发 Activate 事件。当窗体不再是活动窗体时触发 Deactivate 事件。

4. Initialize 事件

当应用程序创建一个窗体时，将触发 Initialize 事件。通过 Initialize 事件，可以初始化窗体需要使用的数据。窗体的 Initialize 事件发生在 Load 事件之前。

5. Load 事件

把窗体装入内存工作区时触发 Load 事件。当通过 Load 方法启动应用程序或装载窗体时，也会触发该事件。Load 事件过程通常用于启动程序时对属性、变量进行初始化和装载数据。Load 事件发生后，系统还会自动发生一个 Activate 事件，这时窗体被激活。

如果希望在 Load 事件中实现输出操作，需要先调用 Show 方法，否则将无法输出。例如，

```
Private Sub Form_Load()
  Form1.Show
  Print "Visual Basic"
End Sub
```

6. Unload 事件

在窗体被卸载时触发 Unload 事件。可以通过 Unload 事件过程来完成必要操作，如保存数据等操作。Unload 事件过程执行完毕后，窗体在内存中被卸载。

7. Paint 事件

在应用程序运行时，若出现下列情况就会自动触发 Paint 事件。
（1）窗体窗口被最小化成图标，然后又恢复正常显示状态。
（2）原本遮挡着该窗体的窗体被移开并使该窗体全部或部分显露出来。

（3）该窗体因其他窗体的移动而被全部或部分遮挡。

（4）窗体的大小改变或移动。

（5）使用 Refresh 方法。

触发 Paint 事件后，可以进行窗体的重绘。将 AutoRedraw 属性值设置为 True，也可以自动完成窗体的重绘。

【例 2.5】　通过编写窗体的 Load 事件代码设置窗体属性。

项目说明：在窗体的相关事件中编写代码，实现窗体的初始设置，并在窗体上输出文字。当单击窗体时，窗体的位置和大小将改变，单击命令按钮时，窗体更换背景图片。初始窗体运行界面如图 2.28 所示，更换背景后窗体界面如图 2.29 所示。

（1）创建界面：在窗体上添加一个命令按钮，所有属性设置均在程序代码中实现。

（2）编写代码。

```
Private Sub Form_Load()
    Form1.Caption = "Visual Basic window"   '设置窗体标题栏
    Form1.Width = 8000                       '设置窗体宽度
    Form1.Height = 2500                      '设置窗体高度
    Form1.Left = 0                           '设置窗体到屏幕的左边距
    Form1.Top = 0                            '设置窗体到屏幕的上边距
    Form1.BackColor = &HFFFFFF               '设置窗体 Form1 的背景色为白色
    Form1.ForeColor = &HFF0000               '设置窗体 Form1 的前景色为蓝色
    Form1.FontName = "roman"
    Form1.FontSize = 20
    Command1.Left = 3000
    Command1.Top = 1200
End Sub
Private Sub Form_Activate()
    Form1.Print "单击窗体改变窗体位置及大小"
    Form1.Print "单击按钮改变窗体背景"
End Sub
Private Sub Command1_Click()
    '加载当前工程文件夹内的一幅背景图片
    Form1.Picture = LoadPicture("1.jpg")
End Sub
Private Sub Form_Click()
    '移动窗体，同时改变其大小
    Form1.Move 1000, 1000, Form1.Width + 1000, Form1.Height + 1000
    '移动命令按钮
    Command1.Move Command1.Left + 500, Command1.Top + 500
End Sub
```

程序运行界面如图 2.28 所示。

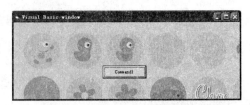

图 2.28   窗体初始运行界面　　　　　图 2.29   窗体更换背景后运行界面

本 章 小 结

本章介绍了 VB 对象的公共属性，并通过一个 VB 应用程序的实例，引入了面向对象程序设计的基本思想，介绍了对象的 3 个基本要素：属性、事件和方法。讲解了标签、文本框和命令按钮 3 个控件的使用。详细介绍了窗体的属性、事件和方法。通过本章的学习让读者初步掌握了 VB 应用程序开发的步骤，学会使用 VB 的一些常用控件，为后面章节学习 VB 中的其他控件打下基础。

习　　题

一、选择题

1. 在窗体上画 1 个文本框（名称为 Text 1）和 1 个标签（名称为 Label 1），程序运行后，如果在文本框中输入文本，则标签中立即显示相同的内容。以下可以实现上述操作的事件过程是_____。

A. ```
Private Sub Text1_Change()
    Label1.Caption=Text1.Text
End Sub
```

B. ```
Private Sub Label1_Change()
    Label1.Caption=Text1.Text
End Sub
```

C. ```
Private Sub Text1_Click()
    Label1.Caption=Text1.Text
End Sub
```

D. ```
Private Sub Label1_Click()
    Label1.Caption=Text1.Text
End Sub
```

2. 以下说法中错误的是_____。

A. 如果把一个命令按钮的 Default 属性设置为 True，则按 Enter 键与单击该命令按钮的作用相同

B. 可以用多个命令按钮组成命令按钮数组

C. 命令按钮只能识别单击（Click）事件

D. 通过设置命令按钮的 Enabled 属性，可以使该命令按钮有效或禁用

3．设窗体中有一个文本框 Text1，若在程序中执行了 Text1.SetFocus，则触发_____。

　　A．Text1 的 SetFocus 事件　　　　B．Text1 的 GotFocus 事件

　　C．Text1 的 LostFocus 事件　　　　D．窗体的 GotFocus 事件

4．假定编写了如下 4 个窗体事件的事件过程，则运行应用程序并显示窗体后，已经执行的事件过程是_____。

　　A．Load　　　B．Click　　　C．LostFocus　　　D．KeyPress

5．为了使标签具有"透明"的显示效果，需要设置的属性是_____。

　　A．Caption　　B．Alignment　　C．BackStyle　　　D．AutoSize

6．以下叙述错误的是_____。

　　A．双击鼠标可以触发 DblClick 事件

　　B．窗体或控件的事件名称可以由编程人员确定

　　C．移动鼠标时，会触发 MouseMove 事件

　　D．控件的名称可以由编程人员设定

7．在窗体上有一个名为 Text1 的文本框。当光标在文本框中时，如果按下字母键"A"，则被调用的事件过程是_____。

　　A．Form_KeyPress()　　　　　　B．Text1_LostFocus()

　　C．Text1_Click()　　　　　　　D．Text1_Change()

8．若设置了文本框的属性 PasswordChar="$"，则运行程序时向文本框中输入 8 个任意字符后，文本框中显示的是_____。

　　A．8 个"$"　　B．1 个"$"　　　C．8 个"*"　　　　D．无任何内容

二、填空题

1．能够被对象所识别的动作与对象可执行的动作分别称为_____，_____。

2．要把窗体 Form1 的标题改为"等级考试"，可使用的语句是_____。

3．当窗体的_____属性设置为_____时，窗体及其中的所有控件均不可访问。

4．为了使文本框同时具有垂直和水平滚动条，应先将 MultiLine 属性设置为 True，然后再把 ScrollBar 属性设置为_____。

5．用来设置文字字体是否斜体的属性是_____。

第 3 章　Visual Basic 程序设计基础

学习目标与要求：

- 了解 VB 语言的语句和编码规则。
- 熟练掌握 VB 中的数据类型和常量变量的定义与应用以及变量的作用域。
- 掌握 VB 中的运算符和表达式的定义和使用。
- 了解 VB 中的各类内部函数，并掌握部分常用函数。

3.1　语句和编码规则

3.1.1　关键字和标识符

1. 关键字

关键字又称为保留字，是 VB 系统定义的、有特定意义的词汇，它是程序设计语言的组成部分。在 VB 中，当用户在编辑窗口中输入关键字时，系统会自动识别，并将其首字母改为大写。

2. 标识符

程序设计常常需要为一些对象命名，然后通过名字访问这些对象，我们把这些自定义的命名称为标识符。标识符通常用于标记用户自定义的常量、变量、控件、函数和过程的名字。VB 中标识符的命名应遵循如下规则。

（1）必须以字母或汉字开头。

（2）只能由字母、汉字、数字和下划线组成，但不能直接使用 VB 的关键字。

（3）不能超过 255 个字符，控件、窗体和模块的名字不能超过 40 个字符。

（4）在标识符的有效范围内必须是唯一的。

在定义标识符的时候要尽量选用一些有意义的字符，这样可以提高程序的可读性，例如，姓名可以定义为 name，3 个数可以定义为 num1、num2 和 num3。

3.1.2　语句书写规则

语句是程序设计时使用的指令，语句的书写必须符合 VB 的规定。VB 可以设置自动语法检测，方法为：选择"工具|选项"命令，选中"编辑器"选项卡上的"自动语法检测"复选框，这样，系统对于不符合语法规则的语句就会给出错误提示，并提示出错的原因。

1．VB 语句书写格式

（1）VB 中每个语句以回车结束，通常一行只写一条语句，语句的长度不能超过 1023 个字符。如果一行写多条语句，语句之间要用冒号"："隔开。如果将一条语句断开换行写，需要在语句断开处用下划线"_"结尾，这样就表示下一行语句与本行语句属于一条语句。注意，下划线要与最后一个字符间隔至少一个空格。如果希望在程序代码中添加注释，则使用单引号"'"，其后面的内容表示注释，不参与程序代码的运行。

（2）VB 能够自动对语句进行简单的格式调整，例如，关键字的第一个字母大写，运算符的前后加上空格等。所以在输入时不区分大小写，例如，输入"print a+1"，按 Enter 键结束后，VB 会自动将其调整为 Print a + 1。

（3）VB 还具有自动提示的功能。例如，当输入对象名时，系统会提示该对象的方法、事件等，当输入定义变量的语句时，系统会提示变量类型，此时只需要选择相应项再按空格键即可，方便了手工输入。

2．命令格式中的符号约定

为了方便介绍语法格式，本书对命令格式中的符号采用统一约定。符号的含义如下。

（1）<>中的参数为必选参数。

（2）[ ]中的参数为可选参数，其中的内容是否选择由用户根据具体情况决定，不影响语句本身的功能，如果省略，则默认为缺省值。

（3）|用来分隔多个选项，表示从多个选项中选择一项。

这些符号不是命令的组成部分，它们只是命令的书面表示方法，在输入具体命令时，这些符号均不可作为语句中的成分输入。

3.2　常量变量与数据类型

数据是程序处理的对象，不同类型的数据占用的空间不同，处理的方式也不同。VB 的数据类型主要分为 3 人类：系统定义的基本数据类型、自定义类型和枚举类型。

在程序设计中需要将数据存储为常量或变量。值不能被改变的量称为常量，值可以被改变的量称为变量。在程序中用常量和变量表示数据是重要的程序设计思想。

3.2.1　基本数据类型

表 3.1 列出了 VB 支持的基本数据类型。

表 3.1　VB 基本数据类型

数据类型	字节数	类型符	取 值 范 围
字节型（Byte）	1		0～255
布尔型（Boolean）	2		True 或 False
整型（Integer）	2	%	−32768～32767
长整型（Long）	4	&	−2147483648～2147483647

续表

数据类型	字节数	类型符	取 值 范 围
单精度浮点型（Single）	4	!	负数从-3.402823E38～-1.401298E-45 正数从 1.401298E-45～3.402823E38
双精度浮点型（Double）	8	#	负数从-1.79769313486232D308～-4.94065645841247D-324 正数从 4.94065645841247D-324～1.79769313486232D308
货币型（Currency）	8	@	从-922337203685477.5808～922337203685477.5807
日期型（Date）	8		100 年 1 月 1 日～9999 年 12 月 31 日
字符串型（String）	字符串长度	$	
定长字符串型（String*长度）	字符串长度	$	
变体型（Variant）	不定		
对象型（Object）	4		

1. 字符串型（String）

（1）字符串是由 ASCII 码字符组成的一个字符序列，所以在字符串中字母的大小写是有区别的，如"ABC"与"abc"是不相等的。

（2）字符串中包含的字符个数称为字符串的长度，如果长度为 0，则称为空字符串。例如，

```
"abc"                  '长度为 3 的字符串
"中华人民共和国"          '长度为 7 的字符串
"    "                  '由 4 个空格组成的字符串，长度为 4
""                     '空字符串
```

（3）程序代码中的字符串需要加上定界符双引号，但输出一个字符串时并不显示双引号，运行程序时从键盘上输入一个字符串也不需要输入双引号，如图 3.1 所示。

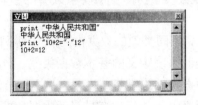

图 3.1　"立即"窗口

2. 数值型（Numeric）

数值型用来表示能够进行加、减、乘、除、整除、乘方和取模等算术运算的数值，它包括整数类型和实数类型。

（1）整数类型。整数类型用来表示不带小数点和指数符号的整数，它又分为整型、长整型和字节型。

① 整型（Integer）：以 2 个字节存储整数，取值范围为-32768～32767。

② 长整型（Long）：以 4 个字节存储整数，取值范围为-2147483648～2147483647。

③ 字节型（Byte）：以 1 个字节存储整数，取值范围为 0～255。

（2）实数类型。实数类型用来表示可以带有小数点或指数符号的实数，它又分为单精度浮点型、双精度浮点型和货币型。

① 单精度浮点型（Single）：以 4 个字节存储实数，指数部分用 E 表示。例如，

```
123.456E+3                '123.456 乘以 10 的 3 次方
```

取值范围为负数从 −3.402823E38 ～ −1.401298E-45，正数从 1.401298E-45 ～ 3.402823E38。

② 双精度浮点型（Double）：以 8 个字节存储实数，指数部分用 D 表示。例如，

```
123.456D-4                '123.456 乘以 10 的 -4 次方
```

取值范围为负数从 −1.79769313486232D308 ～ −4.94065645841247D-324，正数从 4.94065645841247D-324 ～ 1.79769313486232D308。

③ 货币型（Currency）：是为了表示货币而设置的数据类型。货币型以 8 个字节存储实数，没有指数形式，精确到小数点后 4 位，超过 4 位的数字将被舍去。取值范围为 −922337203685477.5808 ～ 922337203685477.5807。

表示数值型数据时，要根据实际情况选用恰当的数据类型，才能加快运算速度，提高运算效率。例如，如果表示整数 265，就应当选择整型（Integer）；如果表示含小数的实数 12.27，就应当选择单精度浮点型（Single）。

3. 日期型（Date）

日期型用来表示日期，存储为 8 个字节，它可以表示的日期范围从公元 100 年 1 月 1 日～9999 年 12 月 31 日。日期型数据需要用定界符"#"括起来，例如，

```
#January 1,1993#
#1 Jan 93#
#1993-1-1#
```

4. 布尔型（Boolean）

布尔型又称为逻辑型，它只有两个值，即真值（True）和假值（False），存储为 2 个字节。布尔型数据和数值型数据可以相互转换，当布尔型数据转换为数值型数据时，真转换为-1，假转换为 0；当数值型数据转换为布尔型数据时，非零转换为真，0 转换为假。

5. 变体型（Variant）

变体型是一种可变的数据类型，它可以用来表示除了定长字符串型和自定义类型以外的任何数据类型。

6. 对象型（Object）

对象型用来表示图形、OLE 对象或其他对象，存储为 4 个字节。

3.2.2　自定义类型

VB 允许用户在窗体模块或标准模块的声明部分使用 Type 语句定义自己的数据类

型，又称为记录型。

格式：

  [Public|Private] Type 数据类型名

    数据类型元素名 as 数据类型

    数据类型元素名 as 数据类型

    …

  End Type

说明：

（1）如果使用关键字 Public，表示定义的数据类型在整个工程中都有效；如果使用关键字 Private，表示定义的数据类型只在声明的模块中有效。在标准模块中定义时，关键字 Public 或 Private 都可省略，默认为 Public；在窗体模块中定义时，必须加上关键字 Private。

（2）"数据类型名"是要定义的数据类型的名字，"数据类型元素名"是要定义的数据类型的组成元素的名字，它们都应遵循标识符的命名规则。

（3）"数据类型"是基本数据类型或已经存在的自定义类型。

例如，

```
Type Student
   No as String*8              '定义为 8 个字符的定长字符串
   Name as String*4            '定义为 4 个字符的定长字符串
   Age as Integer
End Type
```

此例定义了一个数据类型 Student，它包含 3 个元素：No、Name 和 Age。其中，No 和 Name 为定长字符串型，Age 为整型。

3.2.3　枚举类型

当一个变量只有几种可能的取值时，可以定义为枚举类型，即将该变量的取值一一列举出来，该变量的取值只限于列举出来的值的范围。这种方法可以提高程序的阅读性并减少错误。枚举类型可以在窗体模块、标准模块或公用类模块的声明部分使用 Enum 语句来定义。

格式：

  [Public|Private] Enum 枚举名称

    成员名 1 [=常数表达式]

    成员名 2 [=常数表达式]

    …

  End Enum

说明：

（1）如果使用关键字 Public，表示定义的枚举类型在整个工程中都有效。如果使用关键字 Private，表示定义的枚举类型只在声明的模块中有效。关键字 Public 或 Private

都可省略，默认为 Public。

（2）"枚举名称"是要定义的枚举类型的名字，"成员名"是要定义的枚举类型的组成元素的名字，它们都应遵循标识符的命名规则。

（3）"常数表达式"是可选的，如果省略，在默认情况下，枚举中的第一个成员被初始化为 0，其后的成员则被初始化为比其前一个成员大 1 的数值。

例如，

```
Public Enum Workday
    Monday
    Tuesday
    Wednesday
    Thursday
    Friday
    Saturday
    Sunday
End Enum
```

此例定义了一个枚举类型 Workday，它包含 7 个成员，值依次为 0、1、2、3、4、5、6。

（4）如果不省略"常数表达式"，可以用赋值语句给枚举中的成员赋值，所赋的值可以是任何长整型的数。

例如，

```
Public Enum Workday
    Monday=1
    Tuesday
    Wednesday
    Thursday
    Friday
    Saturday
    Sunday
End Enum
```

此例定义了一个枚举类型 Workday，它包含 7 个成员，第 1 个成员 Monday 的值为 1，其他成员的值依次为 2、3、4、5、6、7。

3.2.4　常量

常量是在程序运行过程中，值保持不变的量，如数值、字符串等。VB 的常量分为直接常量和符号常量。

1．直接常量

直接常量就是在程序中给出具体数据的值。按照数据类型分类，直接常量又分为数值常量、字符串常量、逻辑常量或日期常量。例如，5678、233.5E-6、0.58D7、"this is a string"、True、#2004-11-18#等。

　　VB 在处理这些常量时要对其类型进行判断，以便合理分配存储空间，但有些常量的类型存在多义性，例如，常量 7.05 可以作为单精度类型、双精度类型或者货币类型进行处理。VB 在默认情况下会将数据处理为需要内存容量最小的数据类型，这样 7.05 就被作为单精度类型处理。用户也可以在数值的后面加上相应的类型说明符来指明常量的类型。例如，2.75!是一个单精度浮点型常量，11.25#是一个双精度浮点型常量。

2. 符号常量

　　符号常量是用一些有意义的名字代替永远不变的值。在程序设计中，常常遇到一些反复出现的数值，此时就可以定义一些符号常量来替代它们。这样，我们看到的就不再是数字，而是具有含义的名字，从而增加了代码的可读性。

　　格式：Const 常量名[类型说明] = 表达式[, 常量名[类型说明] = 表达式]…

　　说明："常量名"是要定义的符号常量的名字，应遵循标识符的命名规则；"类型说明"可以使用"As 类型"形式，也可以使用类型说明符；"表达式"是用户指定的符号常量的值，可以是数值型、字符串型、逻辑型或日期型，也可以使用已经定义好的符号常量定义新的符号常量。如果在一行定义多个符号常量，之间用逗号进行分隔。例如，

```
Const Pi = 3.1415926
Const Pi2 = Pi * 2, Pi4 = Pi * 4
Const tomorrow = #1/1/1995#
Const num! = 1.25, max As Double = 2.65
```

3.2.5　变量

　　变量实际上代表一些临时的内存单元，在这些内存单元中存储着数据，其内容因程序的运行而变化。变量都有变量名和数据类型，程序通过变量名来引用变量值，数据类型决定了变量的存储方式。

1. 变量的声明

　　变量的声明也称为变量的定义，就是事先将变量的名称和数据类型通知给程序。声明方式分为显式声明和隐式声明。

　　（1）显式声明：在使用变量前用声明语句声明变量。

　　格式：Dim 变量名 [类型说明]

　　说明：

　　① 关键字 Dim 还可以是 Static、Private、Public 或 Global，它们的区别是声明的变量的作用范围不同，这一点将在第 8 章详细介绍。

　　② "变量名"应遵循标识符的命名规则。

　　③ "类型说明"可以使用"As 类型"形式也可以使用类型说明符，若未指定类型则为变体型。例如，

```
Dim var As Integer          '定义 var 为整型变量
Public sum_1 As Double      '定义 sum_1 为双精度浮点型变量
```

```
Dim tomorrow As Date            '定义 tomorrow 为日期型变量
Dim total!                      '定义 total 为单精度浮点型变量
Dim average@                    '定义 average 为货币型变量
Dim x                           '定义 x 为变体型变量
```

当定义变量为字符串型时，可以通过“String*长度”来定义定长字符串型变量。又如，

```
Dim name1 As String     '定义 name1 为变长字符串型变量，长度取决于赋值
Dim name2 As String*6   '定义 name2 为定长字符串型变量，长度为 6
```

可以用一个 Dim 语句定义多个变量，但必须指定每个变量的数据类型，否则为变体型。例如，

```
Dim var1 As Integer, var2 As Integer  '定义 var1 和 var2 都为整型变量
Dim var1, var2 As Integer             '定义 var1 为变体型变量，var2 为整型变量
```

（2）隐式声明：VB 允许使用未经声明语句声明的变量，这种方式称为隐式声明。例如，

```
Private Sub Command1_Click()
    Var = 50
    Print Var
End Sub
```

在该过程中，程序没有事先用声明语句声明变量 Var，而是直接为变量 Var 赋值为 50，这时 VB 会自动创建一个变量 Var。虽然这种方法很方便，但是如果使用变量时把变量名拼写错了，会导致一个难以查找的错误。为了避免这样的错误发生，可以采用强制变量声明，即在模块的声明段中加入语句“Option Explicit”。或者选择“工具|选项”命令，选择“编辑器”选项卡，再选择“要求变量声明”复选框，单击“确定”按钮，这样 VB 就会在任何新模块中自动插入语句“Option Explicit”，如图 3.2 所示。

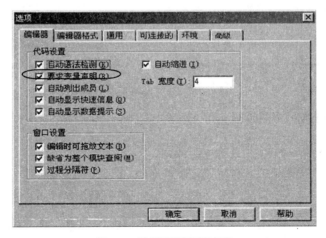

图 3.2　设置强制变量声明

设置强制变量声明以后，程序遇到未经声明语句声明的变量就会给出错误警告。

2. 自定义类型的变量

自定义类型的变量与基本数据类型的变量的定义格式完全一样。例如，在 3.2.2 节中自定义了一个数据类型 Student，下面语句定义了一个 Student 类型的变量 lining。

```
Dim lining As Student
```

由于自定义类型包含多个元素，所以引用自定义类型的变量时应指定引用了哪个元素。

格式：变量名. 元素名

例如，

```
lining.No
lining.Name
lining.Age
```

3. 枚举类型的变量

枚举类型的变量与基本数据类型的变量的定义格式完全一样。例如，在 3.2.3 节中定义了一个枚举类型 Workday，下面语句定义并引用了一个 Workday 类型的变量 mywork。

```
Dim mywork As Workday      '定义变量 mywork 为 Workday 类型
mywork = Tuesday           '将成员 Tuesday（值为 2）赋值给变量 mywork
Print mywork               '输出变量 mywork 的值，结果为 2
```

3.3　运算符和表达式

运算符是表示数据之间运算方式的符号，操作数是参与运算的数据，表达式是由运算符和操作数组成的式子。例如，算术表达式"1 + 2"中，1、2 是操作数，"+"是运算符。

需要两个操作数的运算符，称为双目运算符；只需要一个操作数的运算符，称为单目运算符。例如，"–"作为负号时只需要一个操作数，是单目运算符。

VB 提供了丰富的运算符，可以组成多种类型的表达式。

3.3.1　算术运算符与算术表达式

1. 算术运算符

算术运算符的功能是对数值进行算术运算。VB 支持的算术运算符如表 3.2 所示。

表 3.2　算术运算符

运　算　符	运　　算	表达式举例	表达式含义	运算结果令 x=5,y=2
^	乘方	x ^ y	x 的 y 次方	25
–	负号	–y	负 y	–2

续表

运　算　符	运　　算	表达式举例	表达式含义	运算结果令 x=5,y=2
*	乘法	x * y	x,y 的乘积	10
/	除法	x / y	x 除以 y	2.5
\	整除	x \ y	x 整除 y	2
Mod	取模（取余）	x Mod y	x 除以 y 的余数	1
+	加法	x + y	x,y 的和	7
−	减法	x − y	x,y 的差	3

说明：

（1）除法“/”与整除“\”的区别：除法运算符执行标准的除法运算，结果为浮点数；而整除运算符先执行除法运算再将运算结果的小数位全部去掉，因此结果为整数。参加整除运算的操作数一般为整数，当操作数中含有小数时，先将其四舍五入为整数后，再进行整除运算。例如，

```
? 10 \ 4            '结果为：2
? 13.8 \ 5.6        '结果为：2
```

（2）取余“Mod”可以求两个数相除的余数。当操作数中含有小数时，先将其四舍五入为整数后，再进行取余运算。例如，

```
? 11.5 Mod 5.1      '结果为：2
```

2. 算术表达式

算术表达式是用算术运算符和圆括号将数值型常量、变量、函数等连接形成的一个运算式子。在书写 VB 表达式时，应注意与数学中的表达式写法的区别。

（1）VB 表达式不能省略乘号运算符，例如，数学中的表达式 b^2-4ac，写成 VB 表达式应为 b^2-4*a*c。

（2）VB 表达式中所有的括号一律使用圆括号，并且括号左右必须配对。例如，数学中的表达式[(x+y)/(a-b)+c]x，写成 VB 表达式应为((x+y)/(a-b)+c)*x。

一个表达式的运算次序由运算符的优先级决定，优先级高的先运算，优先级低的后运算，优先级相同的按从左到右的次序运算。算术运算符的优先级从高到低为：乘方→负数→（乘、除）→整除→取模→（加、减）。例如，

```
?- 2 ^ 2           '结果为：-4
?3 ^ 3 \ 2         '结果为：13
?4 Mod 8 / 2       '结果为：0
?3 * 2 \ 3 / 2     '结果为：3
```

3.3.2 字符串运算符与字符串表达式

1. 字符串运算符

VB 支持的字符串运算符只有“&”和“+”，它们的功能是把字符串连接起来。

例如，

```
?"Visual" + "Basic"          '结果为：VisualBasic
?"Visual" & "Basic"          '结果为：VisualBasic
```

二者的区别如下：使用"+"，操作数同为字符串时，做连接运算；同为数值或一个是数值而另一个是数字字符串时，做加法运算；其他类型的操作数会出错。使用"&"，可以将其他类型的操作数强制转换为字符串后再连接。注意：如果操作数是变量或数值，则操作数与"&"之间要加一个空格，否则会将"&"看作类型说明符，得不到希望的结果。例如，

```
?"123" & 456          '连接运算，结果为：123456
?"123" + 456          '加法运算，结果为：579
?"abcd" + 123         '操作类型不匹配，出错
?"abcd" & 123         '连接运算，结果为：abcd123
```

为避免混淆，字符串进行连接时一般使用"&"运算符。

2. 字符串表达式

字符串表达式是用字符串运算符和圆括号将字符串型常量、变量、函数等连接形成的一个运算式子。例如，

```
?"abc" & "123" & Left("abc",1)          '结果为：abcd123a
```

3.3.3　关系运算符与关系表达式

1. 关系运算符

关系运算符的功能是比较两个操作数的关系，如比较大小。VB 支持的关系运算符如表 3.3 所示。

表 3.3　关系运算符

运 算 符	运　　算	表达式举例	运 算 结 果
=	等于	"abc" = "abd"	False
>	大于	34 > 12	True
>=	大于（或）等于	"34" >= "12"	True
<	小于	"ADF" < "ABF"	False
<=	小于（或）等于	"abc" <= "abc"	True
<>	不等于	"abc" <> "ABC"	True

关系运算符的比较规则如下。

（1）两个操作数都是数值型时，比较它们的数值大小。

（2）两个操作数都是字符串型时，从左到右逐个字符比较 ASCII 码值，直到遇到不同字符为止；对于两个汉字字符，比较它们的拼音，如"啊">"我"的运算结果为 False。常见字符的比较关系如下。

"空格"<"0"<……<"9"<"A"<……<"Z"<"a"<……<"z"<"汉字"

（3）两个操作数都是日期型时，是将日期看成"yyyymmdd"的 8 位整数，再按数值进行比较。

2. 关系表达式

关系表达式是用关系运算符和圆括号将各种表达式、常量、变量、函数等连接形成的一个运算式子。关系运算符的两个操作数的数据类型必须一致。例如，

```
?10 - 5 > 2 + 3          '结果为：False
?"xyz" = "XYZ"           '结果为：False
```

3.3.4　逻辑运算符与逻辑表达式

1. 逻辑运算符

逻辑运算符的功能是对逻辑值（即 True 和 False）进行运算，VB 支持的逻辑运算符有以下 6 种。

（1）Not 取反运算，即将 True 变为 False 或 False 变为 True。例如，

```
?Not "abc" < "abd"       '结果为：False
```

（2）And 与运算，只有两个操作数的值都为 True 时，结果为 True，否则结果为 False。例如，

```
?True And 1 < 2          '结果为：True
?2 + 2 = 4 And False     '结果为：False
?3 < 5 And "a" = "A"     '结果为：False
```

（3）Or 或运算，只有两个操作数的值都为 False 时，结果为 False，否则结果为 True。例如，

```
?"abc" <> "ABC" Or 2 > 1  '结果为：True
?True Or 6 - 3 > 4        '结果为：True
?6 < 2 Or "b" = "B"       '结果为：False
```

（4）Xor 异或运算，两个操作数的值不同时，结果为 True，否则结果为 False。例如，

```
?3 > 5 Xor 8 < 5         '结果为：False
```

（5）Eqv 等价运算，两个操作数的值相同时，结果为 True，否则结果为 False。例如，

```
?3 > 5 Eqv 8 < 5        '结果为：True
```

（6）Imp 蕴含运算，当第一个操作数的值为 True，第二个操作数的值为 False 时，结果为 False，否则结果为 True。例如，

```
?5 < 6 Imp 2 > 3        '结果为：False
```

以上 6 种逻辑运算符的运算如表 3.4 所示，其中，T 表示 True，F 表示 False。

表 3.4　逻辑运算符的运算

X	Y	Not X	X And Y	X Or Y	X Xor Y	X Eqv Y	X Imp Y
T	T	F	T	T	F	T	T
T	F	F	F	T	T	F	F
F	T	T	F	T	T	F	T
F	F	T	F	F	F	T	T

2. 逻辑表达式

逻辑表达式是用逻辑运算符和圆括号将关系表达式、逻辑型常量、变量、函数等连接形成的一个运算式子。

逻辑运算符的优先级从高到低为：Not→And→Or→Xor→Eqv→Imp。例如，

```
?Not "Abc" = "abc" Or 2 + 3 <> 5 And "23" < "3"      '结果为：True
```

3.3.5　日期运算符与日期表达式

1. 日期运算符

VB 支持的日期运算符只有"+"和"-"，它们的功能是对日期进行运算。

2. 日期表达式

日期表达式是用日期运算符和圆括号将算术表达式、日期型常量、变量、函数等连接形成的一个运算式子。日期表达式包括以下操作。

（1）"+"连接的日期表达式，一个操作数为日期型，另一个操作数为数值型，计算该日期若干天后的日期。例如，

```
?#2002-02-01# + 1                    '结果为：2002-2-2
```

（2）"-"连接的日期表达式有两种情况：一个操作数为日期型，另一个操作数为数值型，计算该日期若干天前的日期；两个操作数都是日期型，计算两个日期相差的天数。例如，

```
?#01/01/2002# - 2                    '结果为：2001-12-30
?#2002-02-02# - 2                    '结果为：2002-1-31
?#2001-02-03# - #2001-02-02#         '结果为：1
```

3.3.6　运算符的执行顺序

在一个表达式中，往往含有多种运算符，VB 规定了各种运算符的优先级次序，优先级高的先运算，优先级低的后运算，优先级相同的按从左向右的次序运算。如果表达式中含有括号，则先运算括号内的表达式；如果含有多层括号，则先运算最内层括号，然后从内层括号向外层括号依次进行运算。

各运算符的优先级从高到低的排列次序如表 3.5 所示。

表 3.5　各运算符的优先级

优 先 级	运 算 符	优 先 级	运 算 符
1	^	8	=　>　<　<>　>=　<=
2	-(取负)	9	Not
3	*　/	10	And
4	\	11	Or
5	Mod	12	Xor
6	+　-	13	Eqv
7	字符串连接&和+	14	Imp

例如，一个混合运算表达式的运算顺序如下所示。

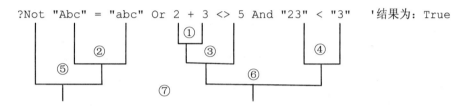

3.4　常用内部函数

标准函数是系统已经定义好的函数，它们能够完成特定的功能，用户可以直接使用。VB 为用户提供了大量的标准函数，利用这些标准函数可以直接完成一些任务。

函数的调用格式：<函数名>([参数 1],[参数 2]…)

说明：

（1）每个函数都有函数名，通过函数名调用函数。

（2）数学中函数的"自变量"在程序设计语言中称为"参数"，函数的运算结果称为"返回值"。

（3）函数是以表达式的形式调用的，而不能单独作为一个语句。例如，

```
a = Sin(b)
z = Sin(x) + Cos(x + y)
```

上面的例子中，Sin 和 Cos 是函数名，括号里面的表达式是参数，每种函数使用的参数类型都是规定好的，所以，了解函数的参数类型才能正确地使用函数。下面将介绍一些常用的标准函数。

3.4.1　数学函数

VB 提供的常用数学函数及功能如表 3.6 所示。

说明：

（1）数学函数的参数 x 为数值型。其中 Sin、Cos 和 Tan 的参数 x 必须为弧度值。例如，求 30 度的正弦值，不能写成 Sin(30)，必须把 30 度转化为弧度值，应写成 Sin(30 * 3.14159 / 180)。VB 只提供了 4 个三角函数，其他三角函数都可以由这 4 个三角函数导出。

表 3.6　数学函数

函数名	功能说明	举　例
Fix(x)	取整，截去小数部分	Fix(3.125)结果为 3，Fix(2.98)结果为 2，Fix(-2.6)结果为-2
Int(x)	求不大于 x 的最大整数	Int(1.9)结果为 1，Int(1.3)结果为 1，Int(-2.5)结果为-3
Round(x,n)	将 x 四舍五入，保留 n 位小数	Round(1.9)结果为 2，Round(1.916,2)结果为 1.92
Abs(x)	求绝对值	Abs(-3.5)结果为 3.5
Sgn(x)	求数字符号	Sgn(-3)结果为-1，Sgn(3)结果为 1，Sgn(0)结果为 0
Sqr(x)	求平方根	Sqr(25)结果为 5
Exp(x)	指数函数，求 e^x	Exp(0)结果为 1
Log(x)	求自然对数	Log(1)结果为 0
Sin(x)	正弦函数	Sin(0)结果为 0
Cos(x)	余弦函数	Cos(0)结果为 1
Tan(x)	正切函数	Tan(0)结果为 0
Atn(x)	反正切函数	Atn(0)结果为 0

（2）在使用数学函数时，必须保证参数的值在数学上有意义。例如，使用 Sqr 函数，必须保证参数为大于或等于 0 的数。

（3）对于 Sgn(x)函数，当 x<0 时，函数值为-1；当 x>0 时，函数值为 1；当 x=0 时，函数值为 0。

（4）书写数学表达式时要注意使用正确的函数形式。例如，在 VB 中，数学表达式 $\ln[e^x+|arctg(x)|]+\cos^2x$ 的正确写法应为：Log(Exp(x)+Abs(Atn(x)))+Cos(x)^2。

（5）四舍五入规则：小于 5 时舍，大于 5 时入，等于 5 时的舍入情况取决于前一位数，当前一位数为偶数时舍，为奇数时入。例如，

```
?Round(2.5)        '结果为：2
?Round(1.5)        '结果为：2
```

3.4.2　字符串函数

VB 提供了大量的字符串函数，应用这些字符串函数可以方便灵活地处理字符串。VB 提供的常用字符串函数及功能如表 3.7 所示。

表 3.7　字符串函数

函　数　名	功　能　说　明
Trim(字符串表达式)	删除字符串两端空格字符
LTrim(字符串表达式)	删除字符串左端空格字符
RTrim(字符串表达式)	删除字符串右端空格字符
Left(字符串表达式,n)	从字符串的左端截取 n 个字符
Right(字符串表达式,n)	从字符串的右端截取 n 个字符
Mid(字符串表达式,n,m)	从字符串的第 n 个字符开始截取 m 个字符
Len(字符串表达式) 或 Len(变量名)	求字符串的长度，或求某个变量所占的字节数
LenB(字符串表达式)	求字符串所占的字节数
String(n,字符)或 String(n,ASCII 码)	产生由 n 个指定字符（或指定 ASCII 码值对应的字符）组成的字符串

续表

函　数　名	功　能　说　明
Space(n)	产生由 n 个空格组成的字符串
InStr([起始位置,]字符串 1,字符串 2 [,n])	返回"字符串 2"在"字符串 1"中第一次出现的位置；若加上"起始位置"，表示从该位置开始查找，如果省略默认从第一个字符开始查找；n 表示字符串的比较方式，0 为区分字母的大小写，1 为不区分字母的大小写，如果省略默认为 0；如果给出参数 n，则参数"起始位置"也必须给出
UCase(字符串表达式)	将字符串中的所有字母字符均转换成大写，非字母字符不变
LCase(字符串表达式)	将字符串中的所有字母字符均转换成小写，非字母字符不变
Asc(字符串表达式)	求字符串表达式中第一个字符的 ASCII 码值
Chr(表达式)	求以表达式的值为 ASCII 码的字符
Val(字符串)	将字符串转换为数值，转换时遇到第一个非数字字符则停止转换，但指数符号、小数点和负号除外
Str(数值表达式)	将数值转换为对应的字符串

函数应用举例：

```
(1) a="   good   morning      "
    ?Ltrim(a);"!"  '删除字符串 a 左端空格字符，结果为：good   morning      !
    ?Rtrim(a);"!"  '删除字符串 a 右端空格字符，结果为：   good   morning!
    ?Trim(a);"!"   '删除字符串 a 两端空格字符，结果为：good   morning!
(2) b="abcdefg"
    ?Left(b,4)     '从字符串 b 左端截取 4 个字符，结果为：abcd
    ?Mid(b,2,3)    '从字符串 b 第 2 个字符开始截取 3 个字符，结果为：bcd
    ?Right(b,4)    '从字符串 b 右端截取 4 个字符，结果为：defg
(3) ?Len("I am a student")         '结果为：14
    ?Len("中国")                   '结果为：2
(4) ?"a" + space(3) + "b"          '结果为：a   b
    ?String(3, "a")                '结果为：aaa
    ?String(3,"abc")               '结果为：aaa，仅返回首字符组成的字符串
    ?String(3,97)                  '结果为：aaa
(5) ?InStr("visual basic", "bas")        '结果为：8
    ?InStr(9,"visual basic", "bas")      '从第 9 个字符开始查找，结果为：0
    ?InStr(3,"Basic Database", "Bas",1)  '不区分大小写，结果为：11
(6) a=UCase("visual basic")
    b=LCase(a)
    ?a,b                           '结果为：VISUAL BASIC  visual basic
(7) ?Val("123ab4")                 '遇到字符"a"停止转换，结果为：123
    ?Val("56.83*4")                '遇到字符"*"停止转换，结果为：56.83
    ?Val("26.4e7")                 '字符"e"为指数符号，结果为：264000000
    ?Str(825.6)                    '结果为：825.6
    ?"abc" + Str(26.3)             '"+"将两个字符串连接起来，结果为：abc 26.3
    ?"32" + Str(-81.5)             '"+"将两个字符串连接起来，结果为：32-81.5
```

3.4.3　转换函数

在 VB 中，有些数据类型之间可以自动进行转换，如数字字符串可以自动转换为数

值。但是，多数数据类型之间不能自动进行转换，需要 VB 提供的类型转换函数进行强制转换。VB 提供的类型转换函数及功能如表 3.8 所示。

表 3.8　类型转换函数

函　数　名	功　能　说　明
CInt(数值表达式)	将数值强制转换为 Integer 类型，第 1 位小数进行四舍五入
CCur(数值表达式)	将数值强制转换为 Currency 类型，第 5 位小数进行四舍五入
CDbl(数值表达式)	将数值强制转换为 Double 类型
CLng(数值表达式)	将数值强制转换为 Long 类型，第 1 位小数进行四舍五入
CSng(数值表达式)	将数值强制转换为 Single 类型
CVar(数值表达式)	将数值强制转换为 Variant 类型
CStr(表达式)	将表达式的值强制转换为 String 类型
CDate(表达式)	将表达式的值强制转换为 Date 类型
CBool(表达式)	将表达式的值强制转换为 Boolean 类型
CByte(表达式)	将表达式的值强制转换为 Byte 类型

例如，

```
?CInt(34.5)              '返回值为 Integer 类型，结果为：34
?CCur(34.5423898)        '返回值为 Currency 类型，结果为：34.5424
```

3.4.4　日期时间函数

VB 提供的常用日期时间函数及功能如表 3.9 所示。

表 3.9　日期时间函数

函　数　名	功　能　说　明
Now 或 Now()	返回系统当前的日期和时间 格式为：yyyy-mm-dd hh:mm:ss
Date 或 Date()	返回系统当前的日期，格式为：yyyy-mm-dd
DateSerial(年,月,日)	把年、月、日 3 个参数连接形成一个日期
DateValue(日期字符串)	返回一个日期
Day(日期字符串)	返回日期字符串中的日，结果为整型数
WeekDay(日期字符串)	求指定日期是星期几，结果为整型数，1 代表星期日，2 代表星期一……
WeekDayName(整数)	返回星期代号，例如 WeekDayName(1)结果为：星期日
Month(日期字符串)	返回日期字符串中的月份，结果为整型数
Year(日期字符串)	返回日期字符串中的年份，结果为整型数
Hour(时间字符串)	返回时间字符串中的小时数，结果为整型数
Minute(时间字符串)	返回时间字符串中的分钟数，结果为整型数
Second(时间字符串)	返回时间字符串中的秒数，结果为整型数
Time 或 Time()	返回系统当前的时间，格式为：hh:mm:ss
Timer 或 Timer()	返回从午夜开始到当前经过的秒数
TimeSerial(时，分，秒)	把时、分、秒 3 个参数连接形成一个时间
TimeValue(时间字符串)	返回一个时间

说明：其中 Date、Time 和 Now 3 个函数都有无参数的形式，例如，

```
?Date,Time,Now    '结果为: 2004-11-16   15:41:52   2004-11-16 15:41:52
```

3.4.5　随机数函数

1. Rnd 函数

格式：Rnd[(x)]，其中参数 x 是一个双精度浮点数，可以省略。

功能：可产生一个 0～1 之间（大于或等于 0，但小于 1）的单精度随机数。下一个要产生的随机数受参数 x 的影响。

（1）当 x<0 时，每次产生相同的随机数。

（2）当 x>0 或省略时，每次产生不同的随机数。

（3）当 x=0 时，该次产生与上次相同的随机数。

说明：该函数产生的是一个单精度随机数，要产生随机整数，可利用取整函数来完成。例如，要产生 0～100（包括 0，不包括 100）的随机整数，可以写成 Int(Rnd*100)。

产生随机整数的公式：

（1）产生区间[n,m) 范围内的随机整数：Int(Rnd*(m-n)+n)。

（2）产生区间[n,m] 范围内的随机整数：Int(Rnd *(m-n+1)+n)。

例如，产生[100, 1000)之间的随机整数为：Int(Rnd *900+100)。

2. Randomize 语句

格式：Randomize[(x)]，其中参数 x 可以省略。

功能：将 Rnd 函数的随机数生成器初始化。

当应用程序多次调用同一个过程中的 Rnd 函数时，相同的随机数序列会反复出现，使用 Randomize 语句可以消除这种情况，从而产生不同的随机数序列。所以一般情况下，在调用 Rnd 函数之前，要先使用无参数的 Randomize 语句。例如，

```
Randomize
Print Rnd
```

3.4.6　数制转换函数

VB 提供的常用数制转换函数及功能如表 3.10 所示。

表 3.10　数制转换函数

函　数　名	功　能　说　明	举　　例
Hex(x)或 Hex$(x)	将十进制数转换为十六进制数	Hex(100)结果为 64
Oct(x)或 Oct$(x)	将十进制数转换为八进制数	Oct(100)结果为 144

3.4.7　测试函数

格式：TypeName (变量名)

功能：测试变量的数据类型。

说明：返回值为具体的类型名，如"Integer"、"String"等。变体型变量未赋值之前的测试结果为"Empty"，对象型变量（如按钮、文本框等）测试结果为该对象的一个具体类型，即"CommandButton"、"TextBox"等。例如，

```
Dim a As Variant
Dim b As Integer
Dim c As Double
Dim d As String
Print TypeName(a)              '结果为：Empty
Print TypeName(b)              '结果为：Integer
Print TypeName(c)              '结果为：Double
Print TypeName(d)              '结果为：String
Print TypeName(Command1)       '结果为：CommandButton
Print TypeName(Picture1)       '结果为：PictureBox
Print TypeName(Text1)          '结果为：TextBox
```

本 章 小 结

本章介绍了 VB 程序设计中最基本的内容，包括语句和编码规则、常量变量和数据类型的使用、运算符和表达式以及常用标准函数。VB 使用常量和变量表示待处理数据，常量的值不能改变，变量的值可以改变。数据类型是数据在存储空间中的表现形式，不同数据类型占用的空间不同，处理方式也不同，所以需要使用恰当的数据类型表示数据。程序对数据的加工处理是通过运算来完成的，VB 提供了各类运算符及大量的内部函数用于处理数据。常量、变量、运算符和函数等组合即可构成表达式。表达式是程序设计中完成运算的主要形式，程序设计过程中需要将待处理的问题转化为相应的表达式，才能正确地处理数据。

习 题

一、选择题

1. 以下选项中，不合法的 VB 变量名是_____。
   A. a5b　　　　　B. _xyz　　　　　C. a_b　　　　　　D. andif

2. 把圆周率的近似值 3.14159 存放在变量 pi 中，应该把变量 pi 定义为_____。
   A. Dim pi As Integer　　　　B. Dim pi(7) As Integer
   C. Dim pi As Single　　　　 D. Dim pi As Long

3. 执行语句 Dim X,Y As Integer 后，_____。
   A. X 和 Y 均被定义为整型变量
   B. X 和 Y 均被定义为变体型变量

  C．X 被定义为整型变量，Y 被定义为变体型变量

  D．X 被定义为变体型变量，Y 被定义为整型变量

4．设窗体文件中有下面的事件过程：

```
Private Sub Command1_Click()
    Dim s
    a%=100
    Print a
End Sub
```

其中，变量 a 和 s 的数据类型分别是_____。

  A．整型，整型　　　　　　　　B．变体型，变体型

  C．整型，变体型　　　　　　　　D．变体型，整型

5．表达式 2 * 3 ^ 2 - 4 * 2 / 2 + 3 ^ 2 的值是_____。

  A．30　　　　B．23　　　　C．49　　　　　　D．48

6．以下关系表达式中，其值为 True 的是_____。

  A．"XYZ" > "XYz"　　　　　　B．"VisualBasic" <> "visualbasic"

  C．"the" = "there"　　　　　　D．"Integer" < "Int"

7．设 a=2，b=3，c=4，d=5，则下面语句的输出是_____。

```
Print 3 > 2 * b Or a = c And b <> c Or c > d
```

  A．False　　　B．1　　　　C．True　　　　　D．−1

8．以下不能输出"Program"的语句是_____。

  A．Print Mid("VBProgram"3,7)

  B．Print Right("VBProgram",7)

  C．Print Mid("VBProgram",3)

  D．Print Left("VBProgram",7)

9．下面可以产生 20～30（含 20 和 30）的随机整数的表达式是_____。

  A．Int(Rnd*10+20)　　　　　　B．Int(Rnd*11+20)

  C．Int(Rnd*20|30）　　　　　　D．Int(Rnd*30+20)

二、填空题

1．若变量 a 未事先定义而直接使用（如 a=0），则变量 a 的类型是_____。

2．在 VB 中，表达式 3 * 2 \ 5 Mod 3 的值是_____。

3．设 a=4，b=5，c=6，执行语句 Print a < b And b < c 后，窗体上显示的是_____。

4．语句 Print Sgn(- 6 ^ 2) + Abs(- 6 ^ 2) + Int(- 6 ^ 2)的输出结果是_____。

5．执行以下程序段后，变量 c$ 的值为_____。

```
a$="Visual Basic Programming"
b$="C++"
c$=UCase(Left$(a$,7)) & b$ & Right$(a$,12)
```

第4章 数据输出与输入

学习目标与要求：

- 掌握 Print 方法及其相关函数的功能及使用。
- 掌握 InputBox 函数的功能及使用。
- 掌握 MsgBox 函数和 MsgBox 语句的功能及使用。

程序运行时，常常需要与外界交换信息，如从键盘、磁盘等外部设备向计算机输入信息，将计算机中的信息显示到屏幕上或从打印机打印出来，这就是数据的输入与输出，是程序设计最基本的两个功能。

VB 提供了丰富的输入/输出形式，与控件结合实现的输入/输出操作更加灵活、形象、直观。

4.1 数 据 输 出

VB 的输出主要是通过 Print 方法实现的，此外还可以通过设置一些控件的属性来实现。

4.1.1 Print 方法

Print 方法是最常用的输出方法，它可以实现在窗体、图片框、打印机或立即窗口中输出数据。

格式：[对象名.]**Print** [表达式列表]

功能：在指定对象中输出表达式的值。

说明：

（1）"对象名"可以是窗体、图片框、打印机或立即窗口。例如，

```
Form1.Print "中国"          '在窗体 Form1 中输出字符串"中国"
Picture1.Print "中国"       '在图片框 Picture1 中输出字符串"中国"
Printer.Print "中国"        '在打印机中输出字符串"中国"
Debug.Print "中国"          '在立即窗口中输出字符串"中国"
```

如果省略"对象名"，则默认对象为当前窗体。例如，

```
Print "中国"                '在当前窗体中输出字符串"中国"
```

（2）"表达式列表"可以是一个或多个表达式。如果是数值表达式，则输出数值表达式运算后的结果，输出数值的前面有一个符号位，后面有一个空格；如果是字符串表

达式，则原样输出，输出字符串的前后都没有空格；如果省略"表达式列表"，则输出一个空行。例如，

```
Private Sub Form_Click()
  x = 10
  Print x                        '输出变量 x 的值
  Print                          '输出一个空行
  Print 2 + 3                    '输出数值表达式 2+3 的值
  Print "2+3"                    '输出字符串"2+3"
End Sub
```

单击窗体后，运行结果如图 4.1 所示。

多个表达式之间要用分号、逗号或空格隔开。如果用分号或空格隔开，则以紧凑格式输出数据；如果用逗号隔开，则以标准格式输出数据，即每个输出项占 14 个字符位。例如，

```
Private Sub Form_Click()
  Print "3" "5" "8"             '用空格隔开，以紧凑格式输出数据
  Print "3"; "5"; "8"          '用分号隔开，以紧凑格式输出数据
  Print "1", "2", "3"          '用逗号隔开，每个输出项占 14 个字符位
  Print "123", "123", "123"
End Sub
```

单击窗体后，运行结果如图 4.2 所示。

图 4.1　运行结果

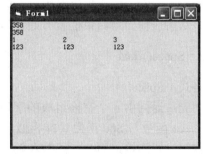

图 4.2　运行结果

（3）一般情况下，执行 Print 方法后会自动换行，即下一个 Print 语句的输出内容会在新的一行显示。如果要下一个 Print 语句的输出内容也在同一行上显示，可以在当前 Print 语句的末尾加上一个分号或逗号。其中，分号表示紧凑格式，逗号表示标准格式。例如，

```
Private Sub Form_Click()
  Print "25+35";                '分号连接的紧凑格式
  Print "=";
  Print 25 + 35
  Print "25+35",                '逗号连接的标准格式
  Print "=",
```

```
    Print 25 + 35
  End Sub
```

单击窗体后，运行结果如图 4.3 所示。

（4）可以用"?"代替关键字 Print，VB 会自动将它转换成 Print。

4.1.2　与 Print 方法有关的函数

VB 提供了一些与 Print 方法结合使用的函数，包括 Tab、Spc、Space 和 Format 等，利用这些函数可以指定输出内容的位置及格式。

1. Tab()函数

格式：Print Tab(n);输出内容
功能：与 Print 方法结合使用，从第 n 列开始输出内容，n 为整数。
说明：如果一个 Print 语句中使用多个 Tab 函数，则每个 Tab 函数对应一个输出项，各输出项之间用分号隔开。

2. Spc()函数

格式：Print Spc(n);输出内容
功能：与 Print 方法结合使用，从当前位置跳过 n 列后再输出内容，n 为整数。
说明：如果一个 Print 语句中使用多个 Spc 函数，则每个 Spc 函数对应一个输出项，各输出项之间用分号隔开。

Spc 函数与 Tab 函数功能相似，但应注意 Tab 函数是从对象左端开始计数，而 Spc 函数是从前一输出项结束位置开始计数，表示两个输出项之间的间隔。

3. Space()函数

格式：Space(n)
功能：返回由 n 个空格组成的字符串。

Space 函数与 Spc 函数功能相似，但应注意 Space 函数和输出内容之间可以用字符串运算符进行连接，而 Spc 函数和输出内容之间只能用分号进行连接。

【例 4.1】　用下面程序代码验证位置输出结果。

```
    Private Sub Form_Click()
      Print "1234567890"
      Print Tab(10); "abc"                '从第 10 列开始输出字符串"abc"
      Print Tab(5); "中国"; Tab(10); "辽宁"; Tab(20); "沈阳"
      Print Spc(10); "abc"                '跳过 10 列后再输出字符串"abc"
      Print "中国"; Spc(5); "辽宁"; Spc(5); "沈阳"
      Print "中国" + Space(5) + "辽宁" + Space(5) + "沈阳"
    End Sub
```

单击窗体后，运行结果如图 4.4 所示。

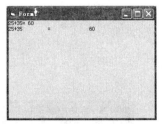

图 4.3　运行结果

图 4.4　运行结果

4. Format()函数

格式：Print Format(数值表达式[,格式字符串])

功能：与 Print 方法结合使用，按"格式字符串"指定的格式输出数值表达式的值。

说明："格式字符串"可以包含以下几种符号。

（1）#：表示一个数字位，用于控制输出数值的长度。如果整数部分的实际长度小于指定长度，则多余位不补 0，数据左对齐；如果整数部分的实际长度大于指定长度，则原样输出。如果小数部分的实际长度小于指定长度，则多余位不补 0；如果小数部分的实际长度大于指定长度，则四舍五入保留到指定长度。

（2）0：与#功能基本相同，区别是实际长度小于指定长度时，多余位用 0 补齐。

（3）.：显示小数点，与#、0 结合使用。

（4），：千位分隔符，可以放在格式字符串的小数点左边除了开始位置或与小数点相邻位置以外的任何其他位置。功能是将输出数值的整数部分从小数点左边第一位开始，每 3 位用一个逗号隔开。例如，

```
Print Format(1234.567,"##,##.###")      '输出结果为：1,234.567
Print Format(1234.567,"###,#.###")      '输出结果为：1,234.567
```

（5）%：百分号，应该放在格式字符串的末尾，功能是将数值以百分数的形式输出。例如，

```
Print Format(0.1234,"##.##%")           '输出结果为：12.34%
Print Format(5.67,"##.##%")             '输出结果为：567.%
```

（6）$：美元符号，应该放在格式字符串的开始，功能是在输出数值的前面加上一个"$"。例如，

```
Print Format(5.67,"$##.##")             '输出结果为：$5.67
```

（7）+，−（正、负号）：应该放在格式字符串的开始，功能是在输出数值的前面加上一个"+"或"−"。例如，

```
Print Format(5.67,"+00.##")             '输出结果为：+05.67
Print Format(5.67,"-00.##")             '输出结果为：-05.67
```

（8）E+，E−：将数值以指数形式输出。例如，

```
Print Format(12345.67,"#.##E+##")       '输出结果为：1.23E+4
Print Format(0.001234567,"0.00E-00")    '输出结果为：1.23E-03
```

【例 4.2】　用下面程序代码验证格式输出结果。

```
Private Sub Form_Click()
    a = Sqr(5)
    Print Format(a, "00.000")
    Print Format(a, "##.###")
    Print Format(a, "00.###")
    Print Format(a, "#,#.###")
    Print Format(a, "$00.###")
    Print Format(a, "-00.000")
    Print Format(a, "##.##%")
    Print Format(a, "#.##E+##")
End Sub
```

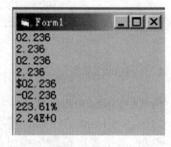

图 4.5　运行结果

单击窗体后，运行结果如图 4.5 所示。

4.1.3　Cls 方法

格式：[对象名.]Cls

功能：清除程序运行时指定对象上产生的文本和图形。"对象名"可以是窗体或图片框，如果省略"对象名"，则默认对象为当前窗体。例如，

```
Form1.Cls
Picture1.Cls
Cls
```

设计时窗体或图片框中使用 Picture 属性设置的背景位图和放置的控件不受 Cls 方法的影响。

4.2　数据输入 InputBox 函数

VB 提供了 InputBox 函数，用于输入数据。

格式：InputBox(提示信息[,标题][,缺省值][,x 坐标][,y 坐标])

功能：产生一个输入框，等待用户输入信息后，将输入信息作为字符串返回。

说明：

（1）各参数功能如下。

①"提示信息"是一个长度不超过 1024 个字符的字符串，用于提示用户输入。"提示信息"的长度超过一行时可以自动换行，若要强制换行可以使用回车符 Chr(13)、换行符 Chr(10)或回车换行符 Chr(13)&Chr(10)。

②"标题"是一个字符串，如果省略，则默认标题为工程的名称。

③"缺省值"是一个字符串，表示默认的输入值。例如，

```
x= InputBox("请输入一个数","例",10)
```

显示的输入框如图 4.6 所示。又如，

```
city=InputBox("中国"+chr(10)+"辽宁"+chr(10)+"省会城市","例","shenyang")
```

显示的输入框如图 4.7 所示。

图 4.6　输入框举例

图 4.7　输入框举例

④　"x 坐标"、"y 坐标"均为数值表达式，表示输入框左上角的坐标，用于指定输入框的位置。

其中，"提示信息"是必选参数，不可以省略；其余都是可选参数，可以省略。例如，

```
x= InputBox("")
```

显示的输入框如图 4.8 所示。

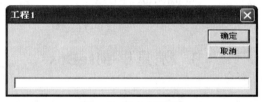
图 4.8　输入框举例

（2）输入框上有"确定"和"取消"两个命令按钮，用户在输入信息后，单击"确定"按钮，将输入信息作为字符串返回；单击"取消"按钮，将返回一个空字符串。

（3）调用一次 InputBox 函数只能输入一个值。InputBox 函数的返回值是字符串型，如果需要获取其他类型的输入值，则需要将返回值进行类型转换或事先声明变量的类型。

【例 4.3】　　利用 InputBox 函数输入一组学生信息。

```
Private Sub Form_Click()
    Dim s As String, x As Single,y As Single
    s - InputBox("请输入学生姓名：", "学生信息")
    x = InputBox("请输入数学成绩：", "学生信息")
    y = InputBox("请输入语文成绩：", "学生信息")
    Print "姓名", "数学成绩", "语文成绩", "总成绩"
    Print s,x, y, x + y
End Sub
```

单击窗体后，依次显示 3 个输入框，第 1 个输入框如图 4.9 所示。

图 4.9　显示的第 1 个输入框

在 3 个输入框中依次输入王小莉、95、98，单击"确定"按钮，运行结果如图 4.10 所示。

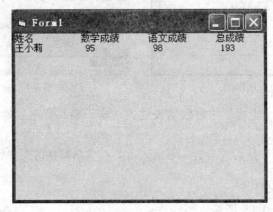

图 4.10　运行结果

4.3　消息框 MsgBox

消息框用于向用户显示消息，等待用户作出选择，将用户的选择作为程序继续运行的依据。消息框有函数和语句两种形式。

4.3.1　MsgBox 函数

格式：MsgBox(提示信息 [,按钮类型][,标题])

功能：产生一个消息框，等待用户作出选择，根据用户的选择，返回一个整数。

说明：

（1）"提示信息"是一个长度不超过 1024 个字符的字符串，用于向用户显示消息。"提示信息"的长度超过一行时可以自动换行，若要强制换行可以使用回车符 Chr(13)、换行符 Chr(10)或回车换行符 Chr(13)&Chr(10)。

（2）"标题"是一个字符串，如果省略，则默认标题为工程的名称。

（3）"按钮类型"用来指定消息框中显示按钮的个数、使用图标的样式、缺省按钮的位置以及消息框的强制回应等。每项内容的详细取值如表 4.1 所示。

表 4.1　消息框按钮类型参数取值

符 号 常 量	值	描　述
bOKOnly	0	只显示"确定"按钮
vbOKCancel	1	显示"确定"及"取消"按钮
vbAbortRetryIgnore	2	显示"终止"、"重试"及"忽略"按钮
vbYesNoCancel	3	显示"是"、"否"及"取消"按钮
vbYesNo	4	显示"是"及"否"按钮
vbRetryCancel	5	显示"重试"及"取消"按钮

符 号 常 量	值	描　　述
vbCritical	16	显示 ✖ 图标
vbQuestion	32	显示 ❓ 图标
vbExclamation	48	显示 ⚠ 图标
vbInformation	64	显示 ⓘ 图标
vbDefaultButton1	0	第 1 个按钮是缺省值
vbDefaultButton2	256	第 2 个按钮是缺省值
vbDefaultButton3	512	第 3 个按钮是缺省值
vbDefaultButton4	768	第 4 个按钮是缺省值
vbApplicationModal	0	应用程序强制返回；应用程序一直被挂起，直到用户对消息框作出响应才继续工作
vbSystemModal	4096	系统强制返回；全部应用程序都被挂起直到用户对消息框作出响应才继续工作

例如，

```
x=MsgBox("this is a msgbox!",1,"MsgBox Dexmo")
```

显示消息框如图 4.11 所示。

```
x=MsgBox("Demo ",," 工程 1")
```

显示消息框如图 4.12 所示。

图 4.11　消息框

图 4.12　消息框

按钮类型可以由表 4.1 中的各类值或符号常量组成，组成方法为：每一类选择一个值或符号常量，把它们加起来即可，一般只用前 3 类。例如，

```
x=MsgBox("demo ", 0+16+0," 工程 1")
```

显示消息框如图 4.13 所示。

```
x= MsgBox ("demo", vbYesNoCancel+ vbInformation +vbDefaultButton2,"工程1")
```

显示消息框如图 4.14 所示。

图 4.13　消息框

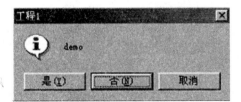

图 4.14　消息框

（4）MsgBox 函数的返回值是由用户在消息框中选择的按钮决定的。每个按钮对应的返回值如表 4.2 所示。

表 4.2　消息框的返回值

符　号　常　量	返　回　值	描　　　　述
vbOK	1	选择"确定"按钮
vbCancel	2	选择"取消"按钮
vbAbort	3	选择"终止"按钮
vbRetry	4	选择"重试"按钮
vbIgnore	5	选择"忽略"按钮
vbYes	6	选择"是"按钮
vbNo	7	选择"否"按钮

【例 4.4】　用下面程序测试 MsgBox 函数的返回值。

```
Private Sub Form_Click()
    msg1 = "确定要删除吗？"
    msg2 = "注意"
    yn = MsgBox(msg1, 3 + 48 + 256, msg2)    '将消息框的返回值赋值给变量 yn
    Print yn
End Sub
```

程序运行时，单击窗体会显示消息框，如图 4.15 所示。当用户单击"否"按钮时，在窗体 Form1 上显示 MsgBox 函数的返回值为 7。

4.3.2　MsgBox 语句

格式：MsgBox 消息 [,按钮类型][,标题]

其功能与 MsgBox 函数类似，但 MsgBox 语句没有返回值，所以常用于简单信息的提示。其参数的含义与 MsgBox 函数相同。例如，

```
MsgBox "下载完毕"
```

显示消息框如图 4.16 所示。

图 4.15　消息框

图 4.16　消息框

4.4　打　印　输　出

4.4.1　直接打印输出

直接打印输出是使用 Print 方法把信息直接输出到打印机。

格式：Printer.Print [打印内容]

VB 还提供了一些控制打印的方法和属性。

1．NewPage 方法

格式：Printer.NewPage

一般情况下，打印机打印完一页后会自动换页，可以使用 NewPage 方法强制换页。

2．Page 属性

格式：Printer.Page

使用 Page 属性打印页号。在程序开始执行时，Page 属性值被设置为 1，打印完一页或强制换页后，Page 属性值自动加 1。

3．EndDoc 方法

格式：Printer. EndDoc

使用 EndDoc 方法结束文件打印，将所有未打印的信息都送出去，这时会将 Page 属性值重置为 1。例如，

```
Private Sub Command1_Click()
    Printer.Print "打印机测试"
    Printer.Print "This is the first page!"
    Printer.EndDoc
End Sub
```

4．KillDoc 方法

格式：Printer.KillDoc

使用 KillDoc 方法取消当前的打印作业。如果操作系统的打印管理器正在处理打印工作，则 KillDoc 方法将删除送入打印机的所有作业。

4.4.2　窗体打印输出

窗体打印输出是先将信息输出到窗体上，然后再使用 PrintForm 方法把窗体上显示的内容打印出来。

格式：[窗体.]PrintForm

如果省略“窗体”，则打印当前窗体上的内容。例如，

```
Print "********"
PrintForm
```

PrintForm 方法是应用程序打印的最简便的方法。PrintForm 方法可以打印窗体上的全部内容，如果窗体上有图形，则需要将窗体的 AutoRedraw 属性设置为 True，才能将图形打印出来。打印结束后，PrintForm 方法会调用 EndDoc 方法清空打印机。

本 章 小 结

本章介绍了 VB 程序输入和输出的常用方法及函数。在 VB 中，主要使用 Print 方法输出程序中的数据，Print 方法可以输出常量、变量和表达式的值，还可以与相关函数结合设置输出位置和格式。InputBox 函数用于数据的输入。MsgBox 函数和 MsgBox 语句可以产生消息框，等待用户作出选择，将用户的选择作为程序继续执行的依据。

习　题

一、选择题

1. 假如 Picture1 和 Text1 分别为图片框和文本框的名称，下列不正确的语句是_____。

    A．Print 25　　　　　　　　B．Picture1. Print 25
    C．Text1. Print 25　　　　　D．Debug. Print 25

2. 在窗体上画一个命令按钮（名称为 Command1），然后编写如下事件过程：

```
Private Sub Command1_Click()
    a=4
    b=5
    c=6
    Print a=b+c
End Sub
```

程序运行后，单击命令按钮，其结果为_____。

    A．a=11　　B．a=b+c　　C．False　　　D．出错

3. 下列不正确的语句是_____。

    A．Print a=10+20　　　　　B．Print "a=";10+20
    C．Print "a"="10+20"　　　D．Print a=;10+20

4. 如果执行一个语句后弹出如图 4.17 所示的窗口，则这个语句是_____。

图 4.17　题 4 图

    A．InputBox("输入框","请输入 VB 数据")
    B．x = InputBox("输入框","请输入 VB 数据")

C．InputBox("请输入 VB 数据","输入框")

D．x = InputBox("请输入 VB 数据","输入框")

5．在窗体上画一个命令按钮，然后编写如下代码：

```
Private Sub Command1_Click()
    a=InputBox("请输入第一个数")
    b=InputBox("请输入第二个数")
    Print b+a
End Sub
```

程序运行后，单击命令按钮，在两个文本框中先后输入 12345 和 54321，程序的输出结果是_____。

A．66666　　　　　　　　　　B．5432112345

C．1234554321　　　　　　　D．出错

6．在窗体上画一个命令按钮，然后编写如下代码：

```
Private Sub Command1_Click()
    a&=InputBox("请输入第一个数")
    b&=InputBox("请输入第二个数")
    Print b&+a&
End Sub
```

程序运行后，单击命令按钮，在两个文本框中先后输入 12345 和 54321，程序的输出结果是_____。

A．66666　　　　　　　　　　B．5432112345

C．1234554321　　　　　　　D．出错

7．在窗体上画一个名称为 Command1 的命令按钮，单击命令按钮时执行如下事件过程：

```
Private Sub Command1_Click()
    a$ = "software and hardware"
    b$ = Right(a$, 8)
    c$ = Mid(a$, 1, 8)
    MsgBox a$, , b$, c$, 1
End Sub
```

则在弹出的消息框标题栏中显示的标题是_____。

A．software and hardware　　　B．hardware

C．software　　　　　　　　　D．1

8．窗体上有一个名称为 Command1 的命令按钮，其事件过程如下：

```
Private Sub Command1_Click()
    x="VisualBasicProgramming"
    a=Right(x,11)
    b=Mid(x,7,5)
```

```
      c=Msgbox(a, , b)
   End Sub
```

运行程序后单击命令按钮，以下叙述中错误的是_____。

  A．消息框的标题是 Basic   B．消息框中的提示信息是 Programming

  C．c 的值是函数的返回值   D．MsgBox 的使用格式有错

9．下列叙述中正确的是_____。

  A．MsgBox 语句的返回值是一个整数

  B．执行 MsgBox 语句并出现消息框后，不用关闭消息框即可执行其他操作

  C．MsgBox 语句的第一个参数不能省略

  D．如果省略 MsgBox 语句的第三个参数（Title），则消息框的标题为空

10．下面不能在消息框中输出"VB"的是_____。

  A．MsgBox "VB"   B．x=MsgBox ("VB")

  C．MsgBox ("VB")   D．Call MsgBox "VB"

二、填空题

1．设有如下程序，运行程序后，单击窗体，输出结果是_____。

```
Private Sub Form_Click()
    a=32548.56
    Print Format$(Int(a*10+0.5)/10,"000,000.00")
End Sub
```

2．下列语句的输出结果是_____。

```
Print Format$(2.44949,"-#.####")
```

3．下列语句的输出结果是_____。

```
Print Format$(2.44949,"00#.#00")
```

4．执行下列语句：

```
strInpug=InputBox("请输入字符串","字符串对话框","字符串")
```

将显示输入对话框。如果此时直接单击"确定"按钮，则变量 strInpug 的内容是_____。

5．假定程序中有如下语句：

```
answer=MsgBox(" 第 一 个 字 符 串 ",vbAbortRetryIgnore+vbCritical+
vbDefaultButton3, "第二个字符串")
```

执行该语句后，将显示一个消息框，此时如果按 Enter 键，则 answer 的值为_____。

第 5 章　程序设计的基本控制结构

学习目标与要求：

- 了解赋值语句的一般格式、功能及使用。
- 了解顺序结构程序的概念。
- 掌握选择结构程序的设计方法。
- 掌握 If 语句、Select Case 语句的功能及用法。
- 掌握循环结构程序的设计方法。
- 掌握 For 语句、Do 语句和 While 语句的功能及用法。

5.1　顺　序　结　构

赋值语句、输入/输出语句构成了最基本的程序结构，即顺序结构。这种结构执行时按照语句的顺序自上而下逐条语句执行。本节将重点介绍赋值语句。

1. 赋值语句的作用

赋值语句是变量和对象属性获取值的主要方法，是程序中最基本的语句。

格式：变量名=表达式　　或　　对象名.属性=表达式

说明：

（1）前者为变量赋值语句，后者为对象的属性赋值语句。例如，

```
s - 100                          '将常量 100 赋值给变量 s
s= s + 1                         '将表达式 s+1 的计算结果赋值给变量 s
ch1 = "ABC"                      '将字符串"ABC"赋值给变量 ch1
Form1.Caption = "求圆的面积"       '为控件的属性赋值
num = InputBox("请输入一个数")     '将输入内容赋值给变量 num
```

（2）根据应用程序的需要，变量既可以在程序中始终保持同一个值，也可以多次重新赋值，赋值语句可以改变变量存储的值。

（3）"="号既可以构成赋值语句，也可以作为逻辑表达式的逻辑等号。其区别要看语句具体的用法，注意不要混淆。例如，

```
Print x=y           '逻辑等号，输出判断结果
a=b And b=c         '逻辑等号
n=3=5               '第一个"="为赋值符号，第二个"="为逻辑等号
```

2. 赋值相容

使用赋值语句要注意赋值相容，VB 中赋值相容有以下几种情况。

（1）变量类型与表达式类型相同，则赋值相容。

（2）变量为字符串型，表达式为数值型。VB 会自动将表达式的计算结果转换为字符型，再赋值给变量。例如，

```
x$=123                    '变量 x 的值为字符串"123"
s$=123+5                  '变量 x 的值为字符串"128"
```

（3）变量为数值型，表达式为可以转换为合法数值的字符串，属于赋值相容。例如，

```
x!= "345"                 '赋值后 x 值为 345
x!= "10e2"                '赋值后 x 值为 1000
```

但下列语句的赋值都是不相容的。

```
x!="aaa"
x!= "23e"
x!= "a45"
```

这几个赋值语句的表达式均不能转换为合法的数值，所以运行时会出现"类型不匹配"的错误提示。

（4）整型与浮点型属于赋值相容，但是将浮点型数据赋值给整型变量时，只能得到整数部分；将长整型数据赋值给单精度浮点型变量时，可能会受到小数精度的影响。例如，

```
x!=12345678               '赋值后 x 的值会表示为 1.234568E+07
y%=123.456                '赋值后 y 的值会表示为 123
```

5.2　选　择　结　构

顺序结构是程序设计的最基本的结构，但是在程序设计时往往需要进行一些判断，程序运行时根据判断结果选择执行哪些语句。例如，输入一个非零的数，判断其是正数还是负数，其结果只能是二者中的一个，这样的问题就不能用顺序结构来完成了，而要使用选择控制结构。

选择控制结构又称为分支结构，这种结构能够根据条件执行不同的操作。VB 支持的选择控制结构包括 If 语句和 Select Case 语句。

5.2.1　If 语句

1. If…Then 语句

格式：

　　If<条件>Then

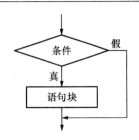

图 5.1　if 语句单分支流程图

　　　　　<语句块>
　　　　　End If
说明：
　　（1）"条件"一般为关系表达式或逻辑表达式，"语句块"可以为一条或多条语句，If 语句以 End If 结束。
　　（2）语句执行过程：首先判断条件表达式的值，若为真，则执行 Then 后面的语句块；否则，直接跳出 If 语句，执行 End If 之后的语句。If 语句流程图如图 5.1 所示。
　　【例 5.1】　输入 a、b 的值，如果 a 大于 b，则输出"a 大于 b"。

```
Private Sub Form_Click()
   Dim a! , b!
   a = InputBox("please input a:")
   b = InputBox("please input b:")
   If a > b Then
      Print "a大于b"
   End If
End Sub
```

　　（3）条件表达式也可以是算术表达式，按非零为真、零为假来处理。例如，

```
Dim a%
a=3
If a then
   Print a
End If
```

　　由于 a 被赋值为 3，If 语句判断条件时，会认为条件为 True，所以执行分支内语句，输出 a 的值 3。
　　（4）If 语句可以精简为单行 If 语句，即
　　　　　If <条件>Then<语句>
单行 If 语句必须在一行内完成，Then 后面即使是多条语句也要写在一行，用冒号分隔，单行 If 语句不用 End If 结束。
　　【例 5.2】　将例 5.1 用单行 If 语句改写。

```
Private Sub Form_Click()
   Dim a!,b!
   a = InputBox("please input a:")
   b = InputBox("please input b:")
   If a > b Then  Print "a大于b"
End Sub
```

　　一般使用单行 If 语句做短小简单的判断，但是语句块形式具有更强的结构性与适应性，并且通常也比较容易阅读、维护及调试。

2. If...Then...Else 语句

格式：

　　　If<条件>Then
　　　　　<语句块 1>
　　　Else
　　　　　<语句块 2>
　　　End If

说明：

（1）语句执行过程：首先测试条件表达式的值，如果值为真，执行 Then 后面的语句块 1，执行完毕跳出 If 语句，继续执行 End If 下面的语句；如果值为假，则执行 Else 后面的语句块 2，执行完毕再执行 End If 下面的语句。流程图如图 5.2 所示。

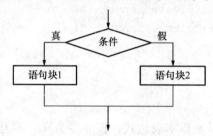

图 5.2　if 语句双分支流程图

（2）If...Then...Else 语句为双分支选择结构，语句块 1 和语句块 2 必定有一个被执行。

【例 5.3】　输入一个非零数，判断其是正数还是负数。

```
Private Sub Form_Click()
    Dim num!
    num = InputBox("please input a number :")
    If num > 0 Then
        Print num; "是一个正数"
    Else
        Print num; "是一个负数"
    End If
End Sub
```

【例 5.4】　判断某年是不是闰年。

闰年的条件：年份能被 400 整除，或者年份能被 4 整除但不能被 100 整除。

算法设计：由条件可知有两种情况是闰年，一种情况是 year Mod 400 = 0（被 400 整除），另一种情况是 year Mod 4 = 0 And year Mod 100 <> 0（被 4 整除但不被 100 整除），只要满足其中一个条件就是闰年，所以这两个表达式之间应该用 Or 连接。

```
Private Sub Form_Click()
    Dim year As Integer
    year = InputBox("请输入一个年份：")
    If year Mod 400 = 0 Or year Mod 4 = 0 And year Mod 100 <> 0 Then
        Print year; "是闰年"
```

```
    Else
       Print year; "不是闰年"
    End If
End Sub
```

（3）If...Then...Else 语句也可以写为单行形式，即
　　　If<条件>Then<语句块 1>Else<语句块 2>

【例 5.5】　将例 5.3 用单行语句改写。

```
Private Sub Form_Click()
    Dim num!
    num = InputBox("please input a number :")
    If num > 0 Then  Print num; "是一个正数" Else Print num; "是一个负数"
End Sub
```

3. If...Then...ElseIf 语句

格式：
　　　If<条件 1>Then
　　　　　<语句块 1>
　　　ElseIf<条件 2>Then
　　　　　<语句块 2>
　　　　　…
　　　[Else
　　　　　语句块 n+1]
　　　End If

　　说明：If...Then...ElseIf 语句用于实现多分支结构。语句执行过程：依次判断条件 1、条件 2…，一旦遇到表达式的值为真，则执行该条件下的语句块。如果所有的表达式都不为真，则执行最后的 Else 下面的语句块 n+1；如果没有 Else 语句，则什么也不执行，跳出 If 语句，执行 End If 后面的语句。流程图如图 5.3 所示。

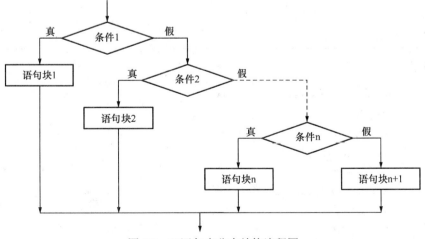

图 5.3　If 语句多分支结构流程图

If...Then...ElseIf 语句可以用于条件比较复杂的多分支情况。

【例 5.6】　　已知分段函数：

$$y = \begin{cases} x^2 + 1 & (x > 0) \\ 0 & (x = 0) \\ 2x - 1 & (x < 0) \end{cases}$$

编写程序，输入自变量 x 的值，计算并输出函数 y 的值。

界面设计：在窗体上添加 2 个标签，2 个文本框，2 个命令按钮，如图 5.4 所示，各对象属性设置如表 5.1 所示。

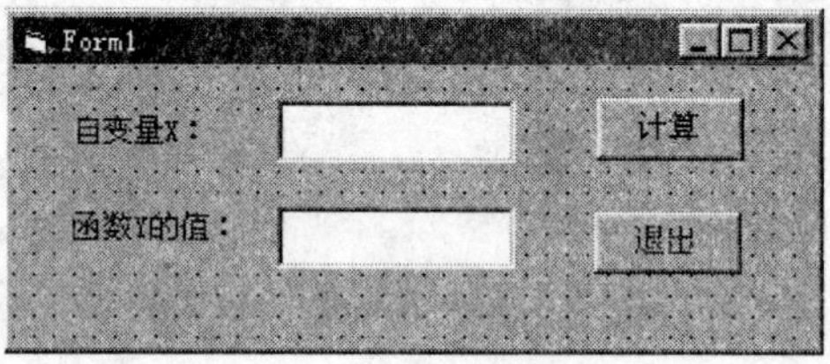

图 5.4　窗体外观设计

表 5.1　属性设置表

对　象	属　性	属 性 值
Label1	Name	Label1
	Caption	自变量 X:
Label2	Name	Label2
	Caption	函数 Y 的值:
Text1	Name	Text1
	Text	（设置为空）
Text2	Name	Text2
	Text	（设置为空）
Command1	Name	Command1
	Caption	计算
Command2	Name	Command2
	Caption	退出

程序代码：

```
Private Sub Command1_Click()
    Dim x As Single, y As Single
    x = Val(Text1.Text)
    If x >0 Then
        y = x * x + 1
    ElseIf  x=0 Then
        y = 0
    Else
        y=2*x-1
```

```
        End If
        Text2.Text = y
    End Sub
    Private Sub Command2_Click()
        End                                '退出程序
    End Sub
```

利用多分支的 If 语句可以实现筛选，如判断一个成绩属于哪一个等级。

【例 5.7】　输入一个分数，判断它应得的学分。90 分以上得 4 学分，80～89 分得 3 学分，70～79 分得 2 学分，60～69 分得 1 学分，60 分以下不得学分。

```
    Private Sub Form_Click()
        Dim score!,grade!
        score = InputBox("请输入分数：")
        If score >= 90 Then
            grade = 4
        ElseIf score >= 80 Then
            grade = 3
        ElseIf score >= 70 Then
            grade = 2
        ElseIf score >= 60 Then
            grade = 1
        ElseIf score < 60 Then
            grade = 0
        End If
        Print  "应得学分为：";grade
    End Sub
```

当输入一个分数时，程序从第一个条件开始判断，如果条件为真，执行"grade = 4"，否则向下继续判断其他条件。总之，只要遇到一个满足条件的分支，便执行该分支下的语句。本题没有 Else 语句，若所有条件均为假，则一个分支也不执行。

If 语句执行过程中，一旦有一个分支被执行，便退出 If 语句，继续执行 End If 下面的语句，也就是说如果有多个条件都为真，只能执行第一个条件为真的分支。因此，利用 If 多分支语句筛选数据时，如果条件设计不当，就不能正确的实现筛选。

【例 5.8】　将例 5.7 的筛选条件重新设计。

```
    Private Sub Form_Click()
        Dim score!,grade!
        score = InputBox("请输入分数：")
        If score < 60  Then
            grade = 0
        ElseIf score >= 60 Then
            grade =1
        ElseIf score >= 70 Then
```

```
        grade =2
    ElseIf score >= 80 Then
        grade = 3
    ElseIf  score >= 90 Then
        grade = 4
    End If
    Print  "应得学分为：";grade
End Sub
```

运行程序时输入 80，会看到结果为"应得学分为：1"。其原因是进入了 score >= 60 的分支，其他分支不再判断，直接退出 If 语句。

使用多分支 If 语句时，一定要注意思路清晰，要养成良好的程序书写风格，层次明确，便于阅读和修改程序。

4. If 语句的嵌套

如果一个 If 语句块中包含另一个 If 语句，则称为 If 语句的嵌套。

格式：

```
If<条件 1>Then
    <语句块 1>
Else
    If<条件 2> Then
        <语句块 2>
        …
    Else
        <语句块 3>
        …
    End If
End If
```

说明：嵌套必须完全"包住"，不能互相交叉，即把一个 If…Then…Else 块放在另一个 If…Then…Else 块中。例如，将例 5.6 分段函数用 If 语句的嵌套改写为：

```
Private Sub Command1_Click()
    Dim x As Single, y As Single
    x = Val(Text1.Text)
    If x >0 Then
        y = x * x + 1
    Else
        If  x=0 Then
            y = 0
        Else
            y=2*x-1
        End If
```

```
        End If
        Text2.Text = y
    End Sub
```

5.2.2　Select Case 语句

　　实现多分支的筛选，使用 If 语句嵌套并不是最理想的，VB 提供了 Select Case 语句可以更方便地完成多分支程序的设计。Select Case 语句也称为 Case 语句或情况语句，其功能是根据测试表达式的值，在几组 Case 子句中挑选出一组符合条件的语句块执行。
　　格式：

```
    Select Case <测试表达式>
        Case   <值 1>
            <语句块 1>
        Case   <值 2>
            <语句块 2>
            ...
        [Case Else
            <语句块 n+1>]
    End Select
```

　　语句执行过程：先计算测试表达式的值，依次与 Case 子句中的值相比较，如果遇到相匹配的值，则执行该 Case 子句中的语句块，然后跳出 Select Case 语句，继续执行 End Select 下面的语句。
　　说明：
　　（1）测试表达式可以是任何数值表达式或字符串表达式，也可以是日期或逻辑表达式。
　　（2）值 1、值 2 是测试表达式可能取的值，与测试表达式的类型必须相同。每个 Case 分支可以列出多个值，可以是以下形式之一。
　　① 多个具体值，用逗号隔开，例如，

```
    Case 1,2,3
```

　　② 使用关键字 To 表示值的范围，例如，

```
    Case 1 to 10
```

　　③ 使用 Is 关系表达式，例如，

```
    Case Is>=10              '表示测试表达式的值大于等于 10
    Case Is <>""             '表示测试表达式的值不为空字符串
```

　　④ 也可以使用以上几种形式的组合，例如，

```
    Case 1,3,Is>10           '表示测试表达式的值为 1、3 或大于 10
```

　　【例 5.9】　输入 a、b 的值和运算符号，根据输入的运算符号决定运算的方式。

```
    Private Sub Form_Click()
```

```
Dim a!, b!, s!
Dim op$
a = InputBox("请输入 a:")
b = InputBox("请输入 b:")
op = InputBox("请输入运算符号:")
Select Case op
    Case "+"
        s = a + b
    Case "-"
        s = a - b
    Case "*"
        s = a * b
    Case "/"
        s = a / b
End Select
Print "a";op;"b=";s
End Sub
```

（3）Select Case 语句功能与 If 多分支语句功能类似，但是当程序中依赖某个单独的关键变量或表达式作判断条件时，Select Case 语句效率更高，并且使用 Select Case 结构可以提高程序的可读性。

（4）如果测试表达式的值能与多个 Case 子句表达式的值相匹配，只执行第一个匹配的 Case 子句下面的语句块。

【例 5.10】 用 Case 语句改写例 5.7，将输入成绩转换为相应学分。

```
Private Sub Form_Click()
    Dim score!, grade!
    score = InputBox("输入成绩")
    Select Case score
        Case Is >= 90
            grade = 4
        Case Is >= 80
            grade = 3
        Case Is >= 70
            grade = 2
        Case Is >= 60
            grade = 1
        Case Is < 60
            grade = 0
    End Select
    Print "应得学分为:"; grade
End Sub
```

注意： 使用 Select Case 语句也要确保值列表顺序的合理性，才能够正确筛选数据。

如果将例 5.10 中的值列表按相反顺序编写，就不能合理地筛选数据了。

（5）Case Else 子句是可选的，表示没有匹配的值时则执行该子句中的语句块 n+1。通常加上 Case Else 语句来处理不可预见的测试表达式的值；如果测试表达式没有匹配值，而且也没有 Case Else 语句，则程序会跳到 End Select 之后的语句继续执行。

【**例 5.11**】　从键盘输入一个字符，若为大写则改为小写，若为小写则改为大写，若是其他特殊字符则直接显示。

```
Private Sub Form_Click()
    Dim str$
    str = InputBox("请输入一个字符")
    Select Case str
      Case "a" To "z"
          Print UCase(str)
      Case "A" To "Z"
          Print LCase(str)
      Case Else
       Print str
    End Select
End Sub
```

该程序以字符串型变量作为测试表达式，判断其属于哪种情况，如果 1、2 分支都不符合，则执行 Case Else 分支的语句。应用 UCase()函数可将小写字母转换成大写字母，LCase()可将大写字母转换成小写字母。

另外，判断字母是大写还是小写，可以直接利用字符串的比较判断。若满足大于等于 A 且小于等于 Z，则为大写字母；若满足大于等于 a 且小于等于 z，则为小写字母。也可以通过其 ASCII 码的范围确定，如果 ASCII 码在 65～90 之间为大写字母，在 97～122 之间为小写字母，求 ASCII 码的函数为 Asc()。

5.2.3　IIf 函数

格式：IIf(条件，表达式 1，表达式 2)

说明：

（1）该函数在运算时，首先计算"条件"的值，如果"条件"的值为真，则该函数的返回值就是"表达式 1"的值；否则，函数的返回值是"表达式 2"的值。例如，Print IIf(3>5,1,-1)的结果为-1。

（2）函数中的 3 个参数都不能省略。

（3）可以将 IIf 函数看作是一种简单的 If …Then …Else 结构。例如，

```
MaxValue=IIf(x>y,x,y)
```

可以改写为单行 If 语句：

```
If x>y Then MaxValue=x Else MaxValue=y
```

二者的功能是一致的。

5.3　循　环　结　构

循环控制结构是根据条件去重复执行某些语句，它是程序设计中一种重要的结构。使用循环控制结构可以减少程序中大量重复的语句，从而编写出更简洁的程序。

VB 提供了 3 种不同风格的循环语句。

（1）计数循环（For…Next 语句）。

（2）Do 循环（Do…Loop 语句）。

（3）当循环（While…Wend 语句）。

其中，计数循环是按给定的次数执行循环体，而 Do 循环和当循环是在给定的条件满足时执行循环体。

5.3.1　For…Next 语句

For…Next 语句构成的循环称为 For 循环，也称计数循环。

格式：

```
For <循环变量> = <初值> To <终值> [Step 步长]
    [循环体]
Next [循环变量]
```

说明：

（1）"循环变量"也称"循环控制变量"或"计数器"，"初值"、"终值"和"步长"可以是数值型的常量、变量或表达式。For 和 Next 之间的循环体可以是一条或多条语句，Step 步长和 Next 后的循环变量都是可以省略的。Step 省略时，表示步长为 1。

（2）For 语句执行过程：先将循环的初值赋给循环变量，然后判断循环变量的值是否大于终值，如果大于终值，则退出循环，否则执行循环体。每一次执行循环体之后，循环变量的值会自动增加步长值，再将循环变量的新值与终值进行比较，重复上述过程。流程图如图 5.5 所示。

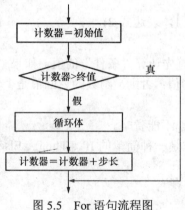

图 5.5　For 语句流程图

例如，

```
For i = 1 To 5
```

```
    Print i,
Next i
```

程序运行时，i 的初值为 1，终值为 5。由于初值小于终值，所以开始执行循环体 Print i 语句，输出 1，此时完成第一次循环，循环变量 i 自动增加步长 1，i 的值变为 2；下一次循环，由于 i 的值小于 5，执行循环体，输出 2，完成第二次循环，i 的值再增加 1；以此类推，直到 i 的值大于 5 时才终止循环，共循环 5 次，程序的运行结果是输出 1 2 3 4 5。

（3）如果 For 语句中使用了关键字 Step，那么循环变量的增加值是 Step 后面定义为步长的值。例如，在以下的语句中，变量 i 每次增加的步长值为 2。

```
For i = 1 To 10 Step 2
    Print i
Next i
```

（4）VB 遵循"先检查，后执行"的原则，即先检查循环变量是否大于终值，然后决定是否执行循环体。当步长为正，初值大于终值时，或步长为负，初值小于终值时，循环体将不执行。例如，

```
For i=9 to 0
    Print i
Next i
```

该例中步长为 1，且初值大于终值，所以不执行循环体。欲使其运行，需要将循环语句的步长设置为负值。改写为：

```
For i=9 to 0 Step -1
    Print i
Next i
```

从此例中可以看出，如果初值大于终值，步长应为负数，循环才能正常执行。

【例 5.12】　求 1～100 之间自然数列之和。

```
Private Sub Form_Click()
    Dim s As Integer, i As Integer
    s = 0
    For i = 1 To 100
        s = s + i
    Next i
    Print "s="; s
End Sub
```

程序中，i 为循环控制变量，s 用来存储累加和，每次循环将变化后的 i 值加到 s 上，使 s 的值不断增加，程序执行的具体过程如下。

```
程序开始时：   s=0
第 1 次循环：   i=1   s=0+1=1
第 2 次循环：   i=2   s=1+2=3
第 3 次循环：   i=3   s=3+3=6
```

...

第 100 次循环：i=100　s=4950+100=5050

【例 5.13】　输入任意 10 个数，统计其中正数和负数的个数。

```
Private Sub Form_Click()
    Dim num As Integer , i As Integer
    Dim k1 As Integer, k2 As Integer
    k1 = 0
    k2 = 0
    For i = 1 To 10
        num = InputBox("请输入一个非零的数：")
        Print num
        If num > 0 Then
            k1 = k1 + 1
        ElseIf num < 0 Then
            k2 = k2 + 1
        End If
    Next i
    Print "正数的个数为："; k1
    Print "负数的个数为："; k2
End Sub
```

程序中利用 k1, k2 分别作为统计正数、负数个数的变量。程序运行时，输入一个数，判断其正负性。如果大于 0，则变量 k1 加 1；如果小于 0，则变量 k2 加 1。

程序中 i 仅作为控制循环次数的变量，在循环体中并没有参与运算，而例 5.12（求和程序）中 i 不仅控制循环次数，同时也参与运算。程序运行结果如图 5.6 所示。

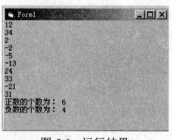

图 5.6　运行结果

【例 5.14】　将字符串 "ABCDE" 逆序输出。

```
Private Sub Form_Click()
    x= "ABCDE"
    k = Len(x)
    s = ""
    For i = k To 1 Step -1
        j = Mid(x, i, 1)
        s = s + j
```

```
        Next i
        Print s
    End Sub
```

程序通过 Len 函数取得字符串的长度赋值给 k（值为 5）；利用 For 循环中的循环变量 i 依次取得字符串中逆序字母的相应位置，并通过 Mid 函数截取相应的逆序字符，其执行过程如下：

```
i=5  j=Mid(x,i,1)=Mid("ABCDE",5,1)="E"  s=s+j="E"
i=4  j=Mid(x,i,1)=Mid("ABCDE",4,1)="D"  s=s+j="E"+"D"="ED"
i=3  j=Mid(x,i,1)=Mid("ABCDE",3,1)="C"  s=s+j="ED"+"C"="EDC"
i=2  j=Mid(x,i,1)=Mid("ABCDE",2,1)="B"  s=s+j="EDC"+"B"="EDCB"
i=1  j=Mid(x,i,1)=Mid("ABCDE",1,1)="A"  s=s+j="EDCB"+"A"="EDCBA"
```

【例 5.15】　求 1000 以内的 "水仙花数"（注："水仙花数" 是一个 3 位数，其每一位数的立方和等于该数本身，如 $153 = 1^3 + 5^3 + 3^3$）。

算法设计：三位数 n 中的每一位上的数可以表示为：

百位 i：i=int(n/100)

十位 j：j=int(n/10)-i*10

个位 k：k=n Mod 10

程序代码：

```
Private Sub Form_Click()
    Dim i As Integer, j As Integer, k As Integer, n As Integer
    For n = 100 To 999
        i = Int(n / 100)
        j = Int(n / 10) - 10 * i
        k = n Mod 10
        If n = i ^ 3 + j ^ 3 + k ^ 3 Then Print n;
    Next
End Sub
```

程序运行结果如图 5.7 所示。

图 5.7　运行结果

【例 5.16】　判断某个整数 m 是否为素数，素数是只能被 1 和自身整除的数。例如，7 是一个素数，它只能被 1 和 7 本身整除。

算法设计：设计循环，让 m 依次除以 2～m-1 之间的整数，如果遇到一个能整除 m 的数，可知 m 不是素数，即可用 Exit For 语句强制退出循环；如果一直除到 m-1 还没有遇到能整除 m 的数，则证明 m 是素数，此时退出 For 循环的条件恰是 i=m。所以只要区别两种退出循环的方式，即判断退出循环时除数是否等于 m，就能判断该数是不是素数。

程序代码：

```
Private Sub Form_Click()
    Dim i As Integer, m As Integer
    m = InputBox("请输入一个数")
    For  i=2 to m - 1
        If m Mod i = 0 Then
            Exit For
        End If
    Next
    If i = m Then
        Print m; "是素数"
    Else
        Print m; "不是素数"
    End If
End Sub
```

5.3.2　Do…Loop 语句

Do…Loop 语句构成的循环也称为 Do 循环，是一类有条件的循环，通过判断条件的值为真或假来控制循环的结束。Do 循环的循环次数是不确定的，对于事先不知道循环要执行多少次的情况来说，Do 循环十分方便。Do…Loop 语句有灵活的构造形式。

1. Do While…Loop 语句

格式：

　　Do While　<条件>

　　　　[循环体]

　　Loop

说明：

（1）执行过程：首先测试条件表达式的值，如果值为真，则执行循环体中的语句块，完成一次循环，然后返回到 Do While 语句再测试条件，一旦条件值为假，就跳出循环，执行 Loop 下面的语句。如果条件一开始就为假则一次循环也不执行。流程图如图 5.8 所示。

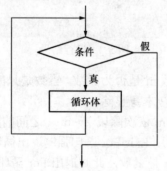

图 5.8　Do While…Loop 语句流程图

【例 5.17】　从键盘输入字符并统计字符个数，当输入字符为"？"时，停止计数。

算法设计：由于不知道将输入多少个字符，所以无法确定具体的循环次数，这种情况适合使用 Do 循环语句设计循环，循环条件为：输入字符不为"？"。

程序代码：

```
Private Sub Form_Click()
    Dim k As Integer
    Dim ch As String
    k = 0
    ch = InputBox("输入一个字符,以'?'结束输入")
    Do While ch <> "?"
        Print ch
        k = k + 1
        ch = InputBox("输入一个字符,以'?'结束输入")
    Loop
    Print "字符个数为:", k
End Sub
```

程序运行结果如图 5.9 所示。

（2）用 For...Next 循环编写的程序都可以用 Do 循环实现，关键是要设计好控制循环的条件。

【例 5.18】　用 Do 语句编写程序，求 1～100 的累加和。

```
Private Sub Form_Click()
    Dim s As Integer, i As Integer
    s = 0
    i = 1
    Do While i <= 100
        s = s + i
        i = i + 1
    Loop
    Print "s="; s
End Sub
```

Do 循环没有自动变化的循环控制变量，所以一定要有能够改变循环条件表达式值的语句，否则循环永远不会结束，这种永不结束的循环被称为死循环。例如，上面例题中的 i=i+1，可以改变 i 的值，当 i 变化到大于 100 时，逻辑表达式 i <= 100 的值为假，循环就会结束。

（3）Exit Do 语句用于强制跳出循环，其功能与 Exit For 语句相似，恰当地使用 Exit Do 语句可以防止死循环。

（4）Do While...Loop 语句的另一种形式是先执行循环体，在每次执行循环体后测试条件。

格式：

　　Do

　　　　　[循环体]

　　　Loop While <条件>

这种形式可以保证循环体至少执行一次。流程图如图 5.10 所示。

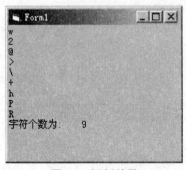

图 5.9　运行结果

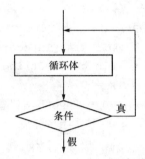

图 5.10　Do…Loop While 语句流程图

　2. Do Until…Loop 语句

格式：

　　　Do Until <条件>

　　　　　[循环体]

　　　Loop

说明：

（1）执行过程：首先测试条件表达式的值，当值为假时，执行循环体，完成一次循环，然后返回到条件表达式再测试条件，直到条件表达式值为真时，循环才终止。流程图如图 5.11 所示。

（2）另一种语句形式是把测试条件放在 Loop 语句中，这种形式可以保证循环至少执行一次。

格式：

　　　Do

　　　　　[循环体]

　　　Loop Until <条件>

流程图如图 5.12 所示。

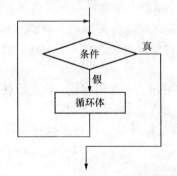

图 5.11　Do Until…Loop 语句流程图

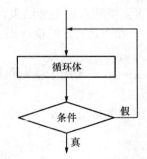

图 5.12　Do…Loop Until 语句流程图

【例 5.19】　用 Do Until…Loop 语句改写例 5.17。

```
Private Sub Form_Click()
    Dim k As Integer
    Dim ch As String
    k = 0
    ch = InputBox("输入一个字符,以'?'结束输入")
    Do Until ch = "?"
      Print ch
      k = k + 1
      ch = InputBox("输入一个字符,以'?'结束输入")
    Loop
    Print "字符个数为:", k
End Sub
```

程序运行时，首先判断表达式 ch="?"的值，若为假则进入循环，执行循环体，直到条件值为真时退出循环，输出字符个数。

5.3.3　While…Wend 语句

由 While…Wend 语句构成的循环称为当循环或 While 循环。

格式：

　　While <条件>

　　　[循环体]

　　Wend

While 循环也是通过测试条件的值来控制循环的结束。当值为真时，执行循环体，然后返回到 While 语句再测试条件，一旦条件为假，就跳出循环。其功能与 Do While…Loop 语句相同。流程图如图 5.13 所示。

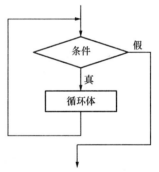

图 5.13　While…Wend 语句流程图

【例 5.20】　用 While…Wend 语句改写例 5.17。

```
Private Sub Form_Click()
    Dim k As Integer
    Dim ch As String
    k = 0
    ch = InputBox("输入一个字符,以'?'结束输入")
    While ch <> "?"
      Print ch
      k = k + 1
      ch = InputBox("输入一个字符,以'?'结束输入")
    Wend
    Print "字符个数为:", k
End Sub
```

5.3.4　几种循环语句的比较

以求整数 1~10 的和为例，变量 s 用来存储和，变量 i 为循环控制变量，几种循环语句编写的代码如下。

（1）For…Next 语句

```
s = 0
For i = 1 To 10
    s = s + I
Next
Print s
```

（2）While…Wend 语句

```
s = 0
i = 1
While i <= 10
    s = s + i
    i = i + 1
Wend
Print s
```

（3）Do While…Loop 语句

```
s = 0
i = 1
Do While i <= 10
    s = s + i
    i = i + 1
Loop
Print s
```

（4）Do…Loop While 语句

```
s = 0
i = 1
Do
    s = s + i
    i = i + 1
Loop While i <= 10
Print s
```

（5）Do Until …Loop 语句

```
s = 0
i = 1
Do Until i > 10
    s = s + i
    i = i + 1
Loop
Print s
```

（6）Do…Loop Until 语句

```
s = 0
i = 1
Do
    s = s + i
    i = i + 1
Loop Until i > 10
Print s
```

以上 6 种语句均可计算出 1~10 的累加和，但语句格式不同，循环条件也不同，在使用循环语句时要根据实际情况选择恰当的语句。

5.3.5　循环的嵌套

在循环语句中使用另一个循环语句称为循环的嵌套，也称多重循环。For 循环、Do 循环和 While 循环都可以互相嵌套，利用循环的嵌套可以实现更复杂的程序设计。两个 For 语句嵌套的形式如下。

```
For i=m1 To m2
    …
    For j=n1 To n2
      <内循环体>        内循环    外循环
    Next j
    …
Next i
```

例如，

```
For i = 1 To 3
    For j = 1 To 3
      Print i, j
    Next
Next
```

执行过程：

i=1	j=1	输出 1，1
	j=2	输出 1，2
	j=3	输出 1，3　（内层循环完毕，进行外层的下一次循环）
i=2	j=1	输出 2，1
	j=2	输出 2，2
	j=2	输出 2，2
i=3	j=1	输出 3，1
	j=2	输出 3，2
	j=3	输出 3，3

不论何种嵌套，外循环都要完整地包含内循环，不允许交叉。程序代码需要有良好的注释和排版风格，否则嵌套的循环语句往往会引起一些程序理解上的混乱。

【例 5.21】　利用双重循环输出矩形（共 6 行，每行 8 个星号）。

```
Private Sub Form_Click()
    Cls
    For i = 1 To 6                    '按行循环
        Print Tab(20);               '确定每行首字符的位置
        For j = 1 To 8               '每行连续打印的字符数
            Print "*";
        Next j
        Print                        '打印一行后换行
    Next i
End Sub
```

程序运行结果如图 5.14 所示。

【例 5.22】　打印九九乘法表。

```
Private Sub Form_Click()
    For i = 1 To 9                   '被乘数
        For j = 1 To i               '乘数
            Print Tab(4*j); i * j ;  '每个输出值间隔 4 位
        Next j
        Print                        'i 每循环一次换一行
    Next i
End Sub
```

程序运行结果如图 5.15 所示。

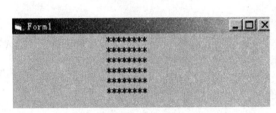

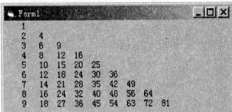

图 5.14　运行结果　　　　　　　　　　图 5.15　运行结果

【**例 5.23**】　已知大鱼 5 元一条，中鱼 3 元一条，小鱼 1 元三条，现用 100 元买 100 条鱼，求能买大鱼、中鱼、小鱼各多少条。

算法设计：此题宜采用"穷举法"求解，即对所有可能解，逐个进行试验。若满足条件，就得到一组解；否则继续测试，直到循环结束为止。

设大鱼有 i 条，中鱼有 j 条，小鱼有 k 条，根据题意可知：

$$k=100-i-j$$

每次循环都测试条件 $5*i+3*j+k/3=100$ 是否成立，条件成立，则找到一组合适的解。利用双重循环控制 i 和 j 的变化。

程序代码：

```
Private Sub Form_Click()
    Dim i, j, k As Integer
    For i = 1 To 20                 '100 元全部买大鱼最多买 20 条
        For j = 1 To 33             '100 元全部买中鱼最多买 33 条
            k = 100 - i - j
        If 5 * i + 3 * j + k / 3 = 100 Then
            Print i, j, k
        End If
    Next j
Next i
End Sub
```

程序运行时，i、j、k 的值分别按下列顺序测试。

i	j	k
1	1	98
1	2	97
...		
1	33	66
2	1	97
2	2	96
...		
20	33	47

程序运行结果如图 5.16 所示，共有 3 组满足条件的值。

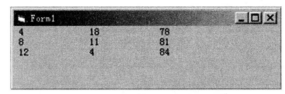

图 5.16　运行结果

5.3.6　其他控制语句

1. End 语句

End 语句用于结束一个过程，它可以放在任何事件及过程中。VB 中 End 语句形式如表 5.2 所示。

表 5.2　End 语句形式

语　句	描　述
End	可以放在过程中的任意位置。关闭代码的执行、关闭以 Open 语句打开的文件并清除变量
End Function	用于结束一个 Function 语句
End If	用于结束一个 If…Then…Else 语句块
End Select	用于结束一个 Select Case 语句
End Sub	用于结束一个 Sub 语句
End Type	用于结束一个用户定义类型的定义(Type)语句

2. Exit 语句

Exit 语句用于强制跳出控制结构或过程。例如，一般情况下，For…Next 循环语句应该随着计数器变量增加到超过了循环的上界而结束，但有时候需要提前中止循环，可以通过 Exit For 语句实现。

【例 5.24】　找出所有平方小于 200 的正整数。

```
Private Sub Form_Click()
For s = 1 To 200
   If s ^ 2 >= 200 Then
      Exit For
   Else
      Print s
   End If
   Next
End Sub
```

由于不知道具体的循环次数，所以将循环变量 s 设置一个较大的终值，而具体的循环结束条件在循环体中利用 If 语句判断，如果满足结束条件，则用 Exit For 语句强制退出循环。程序运行结果如图 5.17 所示。

图 5.17　运行结果

其他 Exit 语句如表 5.3 所示。

表 5.3　Exit 语句形式

语　　句	描　　述
Exit For	强制跳出 For 循环，执行 Next 后面的语句
Exit Do	强制跳出 Do 循环，执行 Loop 后面的语句
Exit Sub	强制跳出 Sub 过程，即结束该过程
Exit Function	强制跳出 Function 过程，执行调用 Function 的语句之后的语句

3. Goto 语句

Goto 语句用于改变程序的执行顺序，可直接跳转到指定标号或行号所在的程序语句。

格式：GoTo [标号|行号]

说明：标号是一个以冒号为结尾的标识符，必须以英文字母开头；行号是一个整数，不以冒号结尾。例如，

```
abc：      是一个标号
100        是一个行号
```

Goto 语句只能限制在一个过程中跳转。Goto 语句可以随意跳转程序语句，也可以实现循环的功能。例如，下面的程序使用 Goto 实现了求 1~10 的和。

```
abc:                          '此处是一个标号
  n = n + 1
  s = s + n
  If n <= 10 Then GoTo abc    ' 如果n<=10则程序跳转到 abc 处向下执行
  Print s
```

Goto 语句提高了程序的灵活性，但是需要限制使用，如果使用不恰当会造成程序的混乱。

本 章 小 结

本章介绍了程序设计的控制结构。在 VB 中有 3 种控制结构：顺序结构、选择结构和循环结构。一般的程序总体流程都是遵循从上到下的顺序执行的。对于简单的问题使用顺序结构；但对于复杂问题，需要选择结构和循环结构。

习　　题

一、选择题

1. 在窗体上画一个名称为 Command1 的命令按钮，然后编写如下事件过程。

```
Private Sub Command1_Click()
```

```
    x = -5
    If Sgn(x) Then
        y = Sgn(x ^ 2)
    Else
        y = Sgn(x)
    End If
    Print y
End Sub
```

程序运行后，单击命令按钮，窗体上显示的是_____。

　A．-5　　　　　B．25　　　　　　C．1　　　　　　D．-1

2．在窗体上画一个命令按钮和一个文本框，名称分别为 Command1 和 Text1，然后编写如下程序。

```
Private Sub Command1_Click()
        a=InputBox("请输入日期（1~31）")
        t="旅游景点：" _ & IIf ( a > 0 And a <= 10,"长城","") _
          & IIf ( a >10 And a <= 20,"故宫","") _
          & IIf ( a > 20 And a <= 31,"颐和园","")
        Text1.Text = t
End Sub
```

程序运行后，如果从键盘上输入 16，则在文本框显示的内容是_____。

　A．旅游景点：长城故宫　　　　B．旅游景点：长城颐和园

　C．旅游景点：颐和园　　　　　D．旅游景点：故宫

3．设窗体上有一个名为 Text1 的文体框和一个名为 Command1 的命令按钮，并有以下事件过程。

```
Private Sub Command 1_Click()
    x!=Val(Text1.Text)
    Select Case  x
      Case Is <-10,Is>=20
        Print "输入错误"
      Case Is<0
        Print 20-x
      Case Is <10
        Print 20
      Case Is<=20
        Print x +10
    End Select
End Sub
```

程序运行时，如果在文本框中输入-5，则单击命令按钮后的输出结果是_____。

　A．5　　　　　B．20　　　　　　C．25　　　　　　D．输入错误

4．设有如下程序：

```
Private Sub Command1_Click()
```

```
      x=10 : y=0
      For i=1 To 5
        Do
          x=x-2
          y=y+2
        Loop Until y>5 Or x<-1
      Next
    End Sub
```

运行程序，其中 **Do** 循环执行的次数是_____。

A. 15　　　　　　　B. 10　　　　　　C. 7　　　　　　　D. 3

5. 下面程序计算并输出的是_____。

```
    Private Sub Command1_Click()
      a=10
      s=0
      Do
        s=s+a*a*a
        a=a-1
      Loop Until a<=0
      Print s
    End Sub
```

A. $1^3+2^3+3^3+\cdots+10^3$ 的值　　　B. $10!+\cdots+3!+2!+1!$的值

C. $(1+2+3+\cdots+10)^3$ 的值　　　D. 10 个 10^3 的和

6. 下面程序执行结果是_____。

```
    Private Sub Command 1_Click()
      a=10
      For k=1 To 5 Step-1
        A=a-k
      Next k
      Print a ; k
    End Sub
```

A. −5　6　　B. −5　−5　　　C. 10　0　　　　D. 10　1

7. 在窗体上画一个命令按钮，其名称为 Command1，然后编写如下事件过程。

```
    Private Sub Command1_Click()
      Dim a$, b$, c$, k%
      a = "ABCD"
      b = "123456"
      c = ""
      k = 1
      Do While k <= Len(a) Or k <= Len(b)
        If k <= Len(a) Then
```

```
        c = c & Mid(a, k, 1)
      End If
      If k <= Len(b) Then
        c = c & Mid(b, k, 1)
      End If
      k = k + 1
    Loop
    Print c
  End Sub
```

运行程序，单击命令按钮，输出结果是_____。

    A．123456ABCD　　　　　　　B．ABCD123456

    C．D6C5B4A321　　　　　　　D．A1B2C3D456

8．计算圆周率 PI 的近似值的一个公式是 PI=(1-1/3+1/5-1/7+1/9…)*4。某人编写下面的程序，用此公式计算并输出 PI 的近似值。

```
Private Sub Command1_Click()
  PI = 1
  Sign = 1
  n = 20000
  For k = 3 To n
    Sign = -Sign
    PI = PI + Sign / k
  Next k
  Print PI * 4
End Sub
```

运行后发现结果为 3.22751，显然，程序需要修改。下面修改方案中正确的是_____。

    A．把 For k=3 To n 改为 For k=1 To n

    B．把 n=20000 改为 n=20000000

    C．把 For k=3 To n 改为 For k=3 To n Step 2

    D．把 PI=1 改为 PI=0

二、填空题

1．以下程序段的输出结果是_____。

```
x = 1
y = 4
Do Until y > 4
  x = x * y
  y = y + 1
Loop
Print x
```

2. 有如下程序：

```
Private Sub Form_Click()
    n = 10
    i = 0
    Do
        i = i + n
        n = n - 2
    Loop While n > 2
    Print i
End Sub
```

程序运行后，单击窗体，输出结果为_____。

第6章　常用标准控件

学习目标与要求：

● 掌握常用标准控件的基本属性、事件和方法。
● 掌握通过标准控件进行程序设计的方法。
● 了解焦点的概念。
● 了解 Tab 顺序的概念。

VB 中的控件分为标准控件和 ActiveX 控件两大类。标准控件又称为内部控件，在启动 VB 环境后，工具箱中的标准控件共有 20 个。在前面章节中我们已经介绍了文本框、标签和命令按钮这 3 个标准控件，本章将继续介绍其他标准控件：单选钮、复选框、框架、滚动条、列表框、组合框和计时器控件。

6.1　单选钮和复选框

单选钮（OptionButton）主要用来表示一系列的互斥选项，这些互斥选项常常被分成若干个组，每组仅允许用户选择一项。当某一项被选定后，其左边的○就变成●。

复选框（CheckBox）与单选钮类似，不同之处是复选框代表多重选择。在列出可供用户选择的多个选项中，用户根据需要可选择一项或多项。当某一项被选中后，其左边的□就变成☑。

6.1.1　利用单选钮和复选框修改文字格式

【例 6.1】　设计利用单选钮和复选框修改文本框中文字格式的程序。

项目说明：程序运行后界面如图 6.1 所示。窗体上有 1 个文本框，3 个单选钮用来表示 3 种不同字体，3 个复选框用来表示可复选的 3 种字形。程序运行后，在文本框中输入文本，设置字体和字形后，单击命令按钮"确定"，文本框中显示文本的字体和字形会相应的变化。

项目分析：首先，在设计窗体界面时，要对单选钮和复选框的标题（Caption 属性）进行设置，如"宋体"、"下划线"等，如图 6.2 所示。运行程序后，用户选择相应的字体和字形，单击命令按钮时要判断单选钮和复选框的选定状态（Value 属性）。最后，在事件过程中根据选定状态（Value 属性的值）设置文本框 Font 属性的值，以改变文本框中显示文本的字体和字形。

判断选定状态和设置文本字体的程序代码应该放在命令按钮的 Click 事件中。Value 属性值用来判断单选钮和复选框的选定状态，它是决定程序运行的关键。需要注意的是，单选钮的 Value 属性值为逻辑值（True 表示单选钮被选定），复选框的 Value 属性值为数值（1 表示复选框被选定）。具体的属性值见 6.1.2 节和 6.1.3 节中的常用属性说明。

图 6.1　程序运行界面

图 6.2　程序设计界面

项目设计：

（1）界面设计。新建一个标准 EXE 工程，在窗体中添加 3 个单选钮、3 个复选框、1 个文本框和 1 个命令按钮，界面设计如图 6.1 所示。

（2）设置属性。在属性窗口中将文本框 Text1 的 Text 属性设置为"请改变字体和字形"，命令按钮的 Caption 属性设置为"确定"。单选钮和复选框的属性设置如表 6.1 所示。

表 6.1　属性设置

控件名称	标题（Caption）属性	控件名称	标题（Caption）属性
Option1	宋体	Check1	下划线
Option2	黑体	Check2	斜体
Option3	楷体	Check3	粗体

（3）编写代码。编写命令按钮的 Click 事件，程序要根据 Value 属性值的不同，进行简单的分支选择，程序代码如下。

```
Private Sub Command1_Click()
    If Option1.Value = True Then Text1.FontName = "宋体"
    If Option2.Value = True Then Text1.FontName = "黑体"
    If Option3.Value = True Then Text1.FontName = "楷体_GB2312"

    If Check1.Value = 1 Then
        Text1.FontUnderline = True
    Else
        Text1.FontUnderline = False
    End If

    If Check2.Value = 1 Then
        Text1.FontItalic = True
    Else
        Text1.FontItalic = False
    End If
```

```
        If Check3.Value = 1 Then
            Text1.FontBold = True
        Else
            Text1.FontBold = False
        End If
    End Sub
```

说明：

（1）单选钮和复选框的 Value 属性的数据类型不同。

（2）由于单选钮的 Value 属性值为逻辑值，且为单选钮的默认属性，所以程序中如下式的条件语句：

```
    If Option1.Value = True Then Text1.FontName = "宋体"
```

均可以简写为：

```
    If Option1.Value Then Text1.FontName = "宋体"
```

或

```
    If Option1 Then Text1.FontName = "宋体"
```

（3）由于复选框的 Value 属性为默认属性，且非零数值将自动转换为逻辑真，0 转换为逻辑假，所以程序中如下式的条件语句：

```
    If Check1.Value = 1 Then
```

均可以简写为：

```
    If Check1.Value Then
```

或

```
    If Check1 Then
```

（4）本程序也可以利用单选钮和复选框的 Click 事件实现。

6.1.2　单选钮的常用属性和事件

1. 常用属性

（1）Caption 属性。该属性值为字符串型，用来设置单选钮的标题。

（2）Value 属性。该属性值为逻辑型，用来设置或返回单选钮的状态。默认值为 False。

True：被选定。

False（默认值）：未被选定。

（3）Style 属性。该属性值为整型，用来设置单选钮的显示方式。

0—Standard（默认值）：标准方式。

1—Graphical：图形方式。

当该属性值为 0—Standard 时，可以显示控件按钮和标题；当该属性为 1—Graphical时，单选钮外观与命令按钮类似。Style 属性只能在属性窗口中进行设置。

（4）Alignment 属性。该属性值为整型，用来设置单选钮标题的对齐方式。

0—Left Justify（默认值）：控件按钮在左边，标题显示在右边。

1—Right Justify：控件按钮在右边，标题显示在左边。

2. 常用事件

单选钮的常用事件是 Click 事件。

6.1.3　复选框的常用属性和事件

1. 常用属性

（1）Caption 属性。该属性值为字符串型，用来设置复选框的标题。

（2）Value 属性。该属性值为整型，用来设置或返回复选框的状态。

0—Unchecked（默认值）：未选定。

1—Checked：选定。

2—Grayed：禁止用户选择，此时复选框呈灰色。

（3）Style 属性。该属性值为整型，用来设置复选框的显示方式。Style 属性只能在属性窗口中设置。

0—Standard（默认值）：标准方式。

1—Graphical：图形方式。

（4）Alignment 属性。该属性值为整型，用来设置复选框标题的对齐方式。

0—Left Justify（默认值）：控件按钮在左边，标题显示在右边。

1—Right Justify：控件按钮在右边，标题显示在左边。

2. 常用事件

复选框常用事件是 Click 事件。

6.2　框　　架

框架（Frame）是一个容器控件，用于将其他的控件对象分组。将不同的控件对象放在一个框架中时，不仅实现了视觉上的区分，而且框架内的所有控件可以随框架一起移动、显示、消失和禁用。参见 6.2.2 节中 Enabled 和 Visible 属性的说明。

6.2.1　利用框架为单选钮分组

框架通常用来为单选钮分组。因为在若干个单选钮中只可以选择一个，但是有时有多组选项，希望在每组选项中各选一项。这时就需要用框架将单选钮分成几组，每组作为一个单元分别进行选择。

【例 6.2】　　设计利用框架为单选钮分组，并实现修改文本框中字体和字号的程序。

项目说明：程序运行后的界面如图 6.3 所示。要想实现分别设置文本的字体和字号，就要用框架（Frame）将 4 个单选钮分为两组。每组单选钮通过框架的标题（Caption）加以标识，如"字体"、"字号"等。程序运行后，在字体框架中选择相应字体，在字号框架中选择相应的字号，然后单击"确定"按钮。文本框中显示文本的字体和字号将作相应的改变。

项目分析：设计程序时，只需根据每组单选钮的 Value 属性值选择不同的程序分支，设置文本框相应的 Font 属性，就可以改变文本框中显示文本的字体和字号。程序代码应放在命令按钮的 Click 事件中。

图 6.3　程序运行界面

项目设计：

（1）创建界面。新建一个标准 EXE 工程，在窗体中添加 1 个文本框、1 个命令按钮、2 个框架，并分别在每个框架中添加 2 个单选钮。

在框架中添加控件的方法有两种。

① 先创建框架，然后在框架内添加需要分组的控件。在添加控件时只能采用单击工具箱上的工具，然后在框架内拖动鼠标绘制控件的方式，这样才能保证框架内的控件成为一个整体和框架一起移动。

② 将框架外的控件放到框架内。如果将外部控件直接拖放到框架内，则该控件不会真正成为框架的一部分。正确的做法是：必须先选定这些外部控件，将它们剪切，然后单击选定框架并粘贴。粘贴成功后，拖动框架会使其中的控件与其一起移动。

（2）设置属性。各控件的属性设置如表 6.2 所示。

表 6.2　属性设置

对　象	名称（Name）属性设置	标题（Caption）属性设置
Text1	txtVB	空
Command1	cmdOk	确定
Frame1	Frame1	字体
Frame2	Frame2	字号
Option1	optHeiTi	黑体
Option2	optLiShu	隶书
Option3	opt8	8 号
Option4	opt12	12 号

（3）编写代码。各事件过程代码如下。

```
Private Sub Form_Load()
    txtVB.Text = "请选择字体和字号"
End Sub
Private Sub cmdOk_Click()
    If optHeiTi.Value = True Then
        txtVB.FontName = "黑体"
```

```
        Else
            txtVB.FontName = "隶书"
        End If
        If opt8.Value = True Then
            txtVB.FontSize = 8
        Else
            txtVB.FontSize = 12
        End If
    End Sub
```

6.2.2　框架的常用属性和事件

1. 常用属性

（1）Caption 属性。该属性值为字符串型，用来设置框架的标题。框架的标题位于框架的左上角。如果 Caption 属性值为空字符串，则框架为封闭的矩形框。

（2）Enabled 属性。该属性值为逻辑型，用来设置框架是否有效，即框架内的所有控件是否有效。

True（默认值）：有效。

False：无效。

该属性只能在程序中用代码进行设置。当该属性设置为 False 时，框架的标题为灰色，框架内的所有对象均被屏蔽，不允许用户对其进行操作。

（3）Visible 属性。该属性值为逻辑型，用来设置框架是否可见。

True（默认值）：可见。

False：隐藏。

该属性只能在程序中用代码进行设置，当该属性设置为 False 时，框架及其框架内的所有控件将被隐藏起来。

2. 常用事件

框架可以响应 Click、DblClick 等事件。但是，在应用程序中一般不需要编写有关框架的事件过程。

6.3　滚　动　条

滚动条（ScrollBar）通常在窗体上用来协助观察数据或确定位置，也可以作为数据输入的工具。VB 提供的滚动条有水平滚动条（HScrollBar）和垂直滚动条（VScrollBar）两种。我们先来看一个利用滚动条的程序实例。

6.3.1　利用滚动条控制命令按钮大小

【例 6.3】　设计利用滚动条控制命令按钮大小的程序。

项目说明：程序运行时，窗体上有 1 个命令按钮、1 个水平滚动条和 1 个垂直滚动条。命令按钮的大小如图 6.4 所示，当程序运行时，滑块分别停在水平和垂直滚动条的右端和下端（即最大值处）。当用鼠标拖动水平滚动条中的滑块时（即 Value 属性发生变化时），命令按钮的宽度会发生改变；当用鼠标拖动垂直滚动条的滑块时，命令按钮的高度会发生改变，如图 6.5 所示。其中命令按钮宽度和高度的变化范围均为：最小值为 200，最大值为其初始宽度和高度。

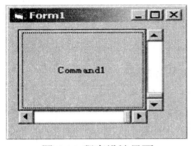 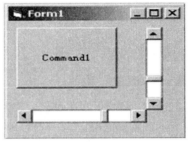

图 6.4　程序设计界面　　　　　　　　　图 6.5　程序运行界面

项目设计：

（1）创建界面。新建一个标准 EXE 工程，在窗体中添加 1 个命令按钮，手动调整其高度和宽度到适当大小，添加 1 个水平滚动条和 1 个垂直滚动条，分别调整其宽度和高度以适应命令按钮的大小，并将它们分别摆放在命令按钮的下方和右侧。界面设计效果如图 6.4 所示。

（2）编写代码。各事件过程代码如下。

```
Private Sub Form_Load()
    HScroll1.Max = Command1.Width    '将水平滚动条最大值为按钮的初始宽度
    HScroll1.Min = 200               '将水平滚动条最小值为 200
    HScroll1.Value = HScroll1.Max    '将水平滚动条滑块放到最右侧
    HScroll1.LargeChange = 20
    HScroll1.SmallChange = 5
    VScroll1.Max = Command1.Height   '将垂直滚动条最大值为按钮的初始高度
    VScroll1.Min = 200               '将垂直滚动条最小值为 200
    VScroll1.Value = VScroll1.Max    '将垂直滚动条滑块放到最下方
    VScroll1.LargeChange = 20
    VScroll1.SmallChange = 5
End Sub
Private Sub HScroll1_Change()
    '水平滚动条滑块位置变化时，按钮宽度跟着变化
    Command1.Width = HScroll1.Value
End Sub
Private Sub VScroll1_Change()
    '垂直滚动条滑块位置变化时，按钮的高度跟着变化
    Command1.Height = VScroll1.Value
End Sub
```

例 6.3 的事件过程中用到了滚动条的几个常用属性和事件，要想理解该实例代码的

设计过程，就要先来了解一下滚动条的 5 个常用属性（Value、Max、Min、LargeChange 和 SmallChange）与（两个事件 Change 和 Scroll）。

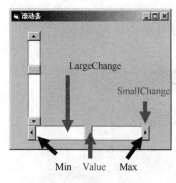

图 6.6   滚动条的属性

6.3.2   滚动条的常用属性和事件

1. 常用属性

滚动条的常用属性如图 6.6 所示。

（1）Max 属性和 Min 属性。Max 属性值为整型，用来设置当滑块处于滚动条最大位置时所代表的值，取值范围限定在-32768～32767，默认值为 32767。Min 属性值为整型，用来设置当滑块处于滚动条最小位置时所代表的值，取值范围限定在-32768～32767，默认值为 0。

最小值与最大值之间的数值变化就是滚动条值的变化范围。利用滚动进行程序设计，首先就要设置滚动条的取值范围。对例 6.3 而言，就是要先设置按钮宽度和高度的变化范围。其中，命令按钮的最小宽度为 200，最大宽度不应超过命令按钮的初始控件宽度（Command1.Width），用下面两条语句实现。

```
HScroll1.Max = Command1.Width
HScroll1.Min = 200
```

命令按钮的最小高度为 200，最大高度不应超过命令按钮的初始控件高度（Command1.Height），用下面的两条语句实现。

```
VScroll1.Max = Command1.Height
VScroll1.Min = 200
```

（2）SmallChange（小变动值）属性和 LargeChange（大变动值）属性。SmallChange 属性值为整型，用来设置用户单击滚动条两端箭头 ▲ ▼ 或 ◀ ▶ 时，滑块移动的距离，即 Value 属性增加或减少的量，其默认值为 1。LargeChange 属性值为整型，用来设置用户单击滚动条空白处时，滑块移动的距离，即 Value 属性增加或减小的量，其默认值为 1。

在例 6.3 中，用语句的形式，分别将水平滚动条和垂直滚动条的 SmallChange 和 LargeChange 设置为 20 和 5。

上面 4 个属性的设置既可以在属性窗口中进行，也可以在程序代码中进行。此例是用程序代码方式进行设置的。需要说明的是，这 4 个属性的设置语句通常应放在窗体的初始事件中，如窗体的 Load 事件。

（3）Value 属性。该属性值为整型，用来设置或返回滑块在滚动条上的位置，而滑块所处的位置就代表了滚动条的当前值。它的取值只能介于 Max 和 Min 属性值之间，当滑块在滚动条中移动时，Value 属性值随之改变。

例 6.3 中就是利用滑块的位置，即滚动条的当前值（Value），来改变命令按钮的大小。例如，

```
Command1.Width = HScroll1.Value
Command1.Height = VScroll1.Value
```

这两条语句被分别放在水平和垂直滚动条的 Change 事件中。

2. 常用事件

与滚动条有关的重要事件有 Scroll 和 Change。其中，当用鼠标拖动滑块时会连续触发 Scroll 事件，直到松开鼠标时停止。而当 Value 属性值每改变一次时（拖动滑块到目标位置后松开时，或单击一次两端箭头▲ ▼ 或 ◄ ►改变滚动条内滑块的位置时），会触发一次 Change 事件。

如果将实例代码中滚动条的 Change 事件改为 Scroll 事件，观察两个程序运行的过程，可以更好地理解这两个事件不同的触发条件。

6.4　列表框和组合框

列表框（ListBox）提供一个项目清单给用户从中进行选择，它允许用户用鼠标选择一个或几个项目。当项目超出了列表框设计时的高度，系统会自动为列表框添加一个垂直滚动条。

组合框（ComboBox）是兼有文本框和列表框功能的控件，用户可以在组合框的编辑区中用键盘输入所需要的项目，也可以像列表框一样，通过鼠标从列表中选择所需要的项目（但只能从中选择一项）。

6.4.1　列表框常用属性、事件和方法

列表框中的项目既可以通过属性窗口手动添加，也可以在代码中用语句自动添加。添加进来的项目内容都被存放在列表框的 List 属性中，该属性是一个字符串型数组。用户选择项目、添加项目、删除或清除项目等操作，就是围绕这个数组进行的。

1. 常用属性

（1）List 属性。该属性是一个字符串型数组，用于存放列表框的各个选项。List 数组的下标从 0 开始，例如，在图 6.7 中，若列表框的名称为 List1，则列表框中第 1 项 List1.List(0)的值是"孙扬"，第 4 项 List1.List(3)的值是"李剑"。

向 List 数组添加元素（即向列表框添加选项）有两种方法。

① 在设计阶段使用属性窗口添加，如图 6.8 所示。选定列表框后，在属性窗口中打开 List 属性依次添加项目，每一项结束后按 Ctrl+Enter 键换行，继续输入下一项。

② 在程序中用代码添加。用代码添加项目，要用到列表框的 AddItem 方法。具体参见本节中列表框的常用方法。

（2）ListCount 属性。该属性值为整型，用来返回的是列表框中选项的数量。该属性只能在程序中设置或引用。

由于存放列表框选项的数组 List 的下标从 0 开始，所以在程序中经常用 ListCount-1 表示列表中最后一项的下标。而 List1.List(ListCount-1)表示列表框中最后一项。

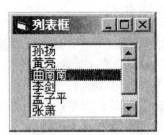

图 6.7　列表框

图 6.8　List 属性设置

例如，在图 6.7 中，List1.List(List1.ListCount-1)的值是"张萧"。

（3）ListIndex 属性。该属性值为整型，用来设置或返回列表框中被选中的选项在 List 数组中的下标。如果未选中任何选项，那么 ListIndex 的值为-1。该属性只能在程序中用代码设置或引用。

例如，在图 6.7 中，当"曲南南"被选中时，List1.ListIndex 的返回值为 2。也就是说，List1.List(List1. ListIndex)＝"曲南南"。

（4）Selected 属性。该属性值是一个逻辑型数组，用于存放列表框的各个选项的选定状态。Selected 数组的下标从 0 开始，数组元素的值表示对应下标的列表框项目是否被选中。例如，List1.Selected(2)的值为 True 表示第 3 项"曲南南"被选中，如为 False 表示未被选中。该属性只能在程序中设置或引用。

（5）Sorted 属性。该属性值为逻辑型，用来设置列表框中的选项是否按字母数字的升序排列。该属性只能在属性窗口中进行设置。

True：各选项按字母数字升序排列。

False（默认值）：各选项按加入列表框的先后顺序排列。

（6）Text 属性。该属性值为字符串型，用来返回列表框中被选中选项的文本内容。该属性只能在程序中引用。

被选中选项的文本内容也可以用 List 数组的当前元素值来表示。例如，在图 6.7 所示的列表框中选中了"曲南南"，那么

```
List1.Text＝"曲南南"
List1.List(List1.ListIndex)＝"曲南南"
```

（7）Multiselect 属性。该属性值为整型，用来设置列表框的选择方式。该属性只能在属性窗口进行设置。

0—None（默认值）：禁止多项选择。

1—Simple：简单多项选择。在这种方式下，用户单击鼠标或按空格键直接可以实现多选。

2—Extended：扩展多项选择。在这种方式下，按住 Ctrl 键再单击鼠标或按空格键可以选择不连续的多项；按住 Shift 键再单击鼠标或按空格键可以选择连续的多项。

（8）SelCount 属性。该属性值为整型，用来返回列表框中被选中选项的数量。

（9）Style 属性。该属性值为整型，用来设置列表框的外观样式，如图 6.9 所示。

0—Standard（默认）：标准样式。

1—CheckBox：复选框样式。在这种样式下，单击项目前的复选框完成选择。

（10）Columns 属性。该属性值为整型，用来设置列表框的列数，默认值为 0。

0（默认值）：表示所有项目呈单列显示。

大于等于 1：允许多列显示，如图 6.10 所示。

图 6.9　Style 为 1 的列表框

图 6.10　Column 为 2 的列表框

2. 常用事件

（1）Click。当单击列表框的项目时触发该事件。

（2）DblClick。当双击列表框的项目时触发该事件。

（3）Scroll。当拖动列表框的滚动条时触发该事件。

3. 常用方法

列表框中的选项可以在设计阶段通过属性窗口添加，也可以在程序中用 AddItem 方法添加，用 RemoveItem 或 Clear 方法删除。

（1）AddItem 方法。

格式：[对象名.]AddItem 项字符串[,项索引号]

功能：向列表框中添加新项目。

说明：

① 对象可以是列表框或组合框。

② 项字符串必须是字符串表达式。

③ 项索引号决定新增选项在列表框或组合框中的序号（即 List 数组元素的下标，从 0 开始），如果省略项索引号，则把新增选项添加到所有项目的末尾。例如，

```
List1.AddItem "刘月"          '在列表框 1 末尾追加新选项"刘月"
List1.AddItem "王洋",2        '在列表框 1 的第 3 项前插入新选项"王洋"
```

（2）RemoveItem 方法。

格式：[对象名.]RemoveItem 项索引号

功能：在列表框中删除指定的选项。

说明：

① 对象可以是列表框或组合框。

② 项索引号是被删除选项在列表框或组合框中的序号（即 List 数组元素的下标）。例如，

```
List1.RemoveItem 2                  '删除下标为 2 的项目，即第 3 项
List1.RemoveItem List1.ListIndex   '删除被选中的项目
```

（3）Clear 方法。

格式：[对象名.]Clear

功能：清除列表框中的所有选项。

说明：对象可以是列表框、组合框或剪贴板。例如，

```
List1.Clear
```

6.4.2 利用列表框管理学生名单

【例 6.4】 设计利用列表框管理学生名单的程序，程序具有添加和删除功能。

项目说明：程序运行结果如图 6.11 所示。单击"增加"按钮时，会弹出一个输入框，在输入框中输入新项目后确定，新项目被添加到列表框中已有项目的末尾。选中列表框中的一个项目后单击"删除"按钮，该项目将从列表框中被删除。

图 6.11　程序界面

项目分析：在列表框中添加项目要用 AddItem 方法，用此方法添加的是项目的内容，应该是一个字符类型的表达式。在列表框中删除项目要用 RemoveItem 方法，用此方法删除的是相应下标的项目，下标应该是一个数值类型的表达式。另外，列表框的初始项目可以在代码中添加，但要在窗体的 Load 事件中添加。如果要使列表框多列显示，如图 6.11 所示，还要设置其 Columns 属性值。

项目设计：

（1）创建界面。新建一个标准 EXE 工程，在窗体中放置 1 个列表框、2 个命令按钮。

（2）设置属性。将列表框的 Columns 的属性设置为 2，命令按钮的名称分别设置为 cmdAdd、cmdDelete，Caption 属性分别设置为"增加"、"删除"，界面设计如图 6.11 所示。

（3）编写代码。各事件过程的代码如下。

```
Private Sub Form_Load()            '加载窗体时，向 List1 中添加 6 个初始值
    List1.AddItem "孙扬"           'AddItem 方法后面是字符串表达式
    List1.AddItem "黄亮"
    List1.AddItem "曲南南"
List1.AddItem "李剑"
List1.AddItem "孟子平"
```

```
        List1.AddItem "张萧"
End Sub
Private Sub cmdAdd_Click()
    Dim x As String
    x = InputBox("请输入新姓名")        '弹出输入框，输入字符保存到变量 x 中
    List1.AddItem x                      '追加 x 到列表框末尾
End Sub
Private Sub cmdDelete_Click()
    If List1.ListIndex <> -1 Then        '当用户选定某个项目时，才可以删除
        List1.RemoveItem List1.ListIndex    '删除所选项目
    End If
End Sub
```

6.4.3　组合框的常用属性、事件和方法

组合框（ComboBox）兼有文本框和列表框的功能。在列表框的属性中，除 Columns、MultiSelect、SelCount 和 Selected 属性外，其余属性均适用于组合框。其中，组合框的 Style 属性和 Text 属性的含义、作用与列表框有所不同。

1. 常用属性

（1）Style 属性。该属性值为整型，用来设置组合框的外观样式，如图 6.12 所示。

0—Dropdown Combo（默认值）：下拉式组合框，它是由 1 个文本框和 1 个下拉式列表框组成。该样式允许用户在编辑区（文本框）中输入项目或从下拉列表中选择项目。

1—Simple Combo：简单组合框，它是由 1 个文本框和 1 个列表框组成。该样式允许用户在编辑区（文本框）中输入文本或从列表中选择项目。

2—Dropdown List：下拉式列表框。该样式只允许用户从下拉列表中进行选择，不允许在编辑区（文本框）中输入项目。

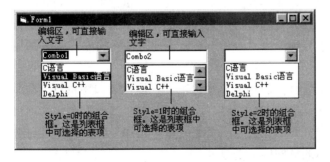

图 6.12　3 种样式的组合框外观比较

（2）Text 属性。该属性值为字符串型，用来返回从组合框列表中所选择选项的文本内容或直接从组合框编辑区（文本框）中输入的文本内容。

2. 常用事件

组合框所响应的事件依赖于 Style 属性，只有简单组合框（Style 属性值为 1）能接收 DblClick 事件，其他两种组合框仅可以接收 Click 事件和 Dropdown 事件。对于下拉式组合框（Style 属性值为 0）和简单组合框，可以在编辑区输入文本，当输入文本时会触发文本框的 Change 事件。

3. 常用方法

组合框常用方法与列表框常用方法相同。

6.4.4　利用组合框管理电器价目表

【例 6.5】　设计利用组合框管理电器价目表的程序。

项目说明：程序运行结果如图 6.13 所示。组合框中的项目为家用电器价目表，通过窗体中的"修改"、"确定"和"添加"按钮，可以修改价目表中已有的项目或添加新项目。

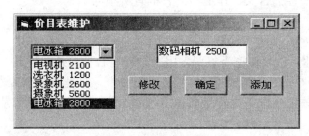

图 6.13　程序运行界面

项目分析：窗体上有 1 个组合框，1 个文本框和 3 个命令按钮。在组合框的价目列表中已经加入一些项目，如图 6.13 所示。当在列表中选择一个项目后，单击"修改"按钮，选定的项目内容会显示在文本框中；在文本框中对此项目进行修改后单击"确定"按钮，修改后的内容将被重新写入到列表框中原来的位置，文本框被清空。如果在文本框中输入一个新项目并单击"添加"按钮，则所输入的内容将被添加到列表中已有项目的末尾。

在设计阶段为组合框的列表添加选项要在属性窗口中进行，具体方法与为列表框添加选项的方法相同，参见 6.4.1 节中的 List 属性。"修改"选定的项目内容，实际上就是为相应的 List 数组元素重新赋值。为组合框"添加"项目，要用到组合框的 AddItem 方法，用法与列表框的 AddItem 方法相同。

项目设计：

（1）创建界面。新建一个标准 EXE 工程，在窗体中添加 1 个组合框、1 个文本框和 3 个命令按钮。

（2）设置属性。各对象属性设置如表 6.3 所示。

表 6.3　属性设置

对　象	属　性	属　性　值
Command1	Caption	修改
Command2	Caption	确定
Command3	Caption	添加
Text1	Text	空
Combo1	List	电视机 2100 洗衣机 1200 …

（3）编写代码。各事件过程的代码如下：

```
Private Sub Command1_Click()
    Text1.Text = Combo1.Text              '将组合框的选定项目显示在文本框中
End Sub
Private Sub Command2_Click()
    If Combo1.ListIndex <> -1 Then
        '将文本框中修改的内容，存入组合框的 List 数组
        Combo1.List(Combo1.ListIndex) = Text1.Text
        Text1.Text = ""
    End If
End Sub
Private Sub Command3_Click()
    Combo1.AddItem Text1.Text     '将文本框中的内容添加到组合框末尾
End Sub
```

6.5　计　时　器

　　计时器（Timer）是按一定的时间间隔（Interval）周期性地自动触发 Timer 事件的控件，类似于循环程序结构。根据计时器的这个特性，可以设计具有动画效果的程序或用于程序的计时。计时器控件不能改变大小，在程序运行期间，计时器控件也不显示在窗体上。

　　例 6.6 和例 6.7 是计时器应用的两个实例，例 6.6 利用计时器实现文字移动，例 6.7 利用计时器实现计时功能。在这两个实例中都要用到计时器的 Interval 属性、Enabled 属性和 Timer 事件。

6.5.1　计时器常用属性、事件和方法

1．常用属性

　　（1）Interval 属性。该属性值为整型，用来设置 Timer 事件之间的时间间隔。其值以毫秒 ms（0.001s）为单位，介于 0～65535ms 之间，因此其最大的时间间隔不能超过 65 秒（s）。如果希望每隔 1s 发生一次 Timer 事件，那么 Interval 属性值应设为 1000。将 Interval

属性设置为 0 表示屏蔽计时器。

（2）Enabled 属性。该属性值为逻辑型，用来设置计时器是否有效。经常通过设置 Enabled 属性为 True 或 False 来开启或关闭计时器。

True（默认值）：有效。

False：无效。

2．常用事件

计时器只有一个 Timer 事件，每隔一个 Interval 时间间隔，就会自动发生一次该事件，该事件过程中的代码就被执行一次，直到计时器的 Enabled 属性为 False 时停止。

6.5.2　计时器应用实例

【例 6.6】　设计在窗体上显示动态文字的程序。

项目说明：当程序运行时，单击"开始"按钮，文字开始每隔 10ms 自动向右移动 10 个单位，单击"停止"按钮，文字暂停移动。程序运行结果如图 6.14 所示。

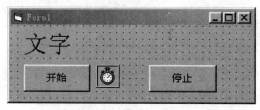

图 6.14　程序设计界面

项目分析：程序中利用计时器每隔 10ms 实现文字的移动，首先要设置其 Interval 属性值为 10，Enabled 属性设置为 False。在命令按钮 Click 事件中分别设置开始和停止时计时器的 Enabled 属性值，开启或关闭计时器。利用计时器在程序中实现图形或文字的动画效果是计时器控件的主要应用之一。

项目设计：

（1）创建界面。新建一个标准 EXE 工程，在窗体中添加 1 个计时器、1 个标签、2 个命令按钮，界面设计如图 6.14 所示。

（2）设置属性。各控件属性设置如表 6.4 所示。

表 6.4　属性设置

对　　象	属　　性	属　性　值
Timer	Name	tmrclock
	Interval	10
	Enabled	False
Command1	Name	cmdStart
	Caption	开始
Command2	Name	cmdStop
	Caption	停止
Label1	Name	lblWord
	FontSize	一号
	Caption	文字

（3）编写代码。各事件过程的代码如下。

```
Private Sub cmdStart_Click()
    tmrClock.Enabled = True                '开启计时器
End Sub
Private Sub cmdStop_Click()
    tmrClock.Enabled = False               '关闭计时器
End Sub
Private Sub tmrClock_Timer()
    lblWord.Left = lblWord.Left + 10       '标签的 Left 属性值加 10
End Sub
```

说明：将计时器的 Timer 事件作如下修改后，可以使标签运动到窗体右边界时，自动返回到窗体左边。

```
Private Sub tmrClock_Timer()
    If lblWord.Left > Form1.Width Then
        lblWord.Left = -lblWord.Width
    End If
    lblWord.Left = lblWord.Left + 10       '标签的 Left 属性自加 10
End Sub
```

【例 6.7】　设计利用计时器设计具有计时功能的程序。

项目说明：单击"开始"按钮时，在窗体中的标签上动态显示时间，单击"结束"按钮时，停止计时。程序运行结果如图 6.15 所示。

图 6.15　计时功能的程序

项目分析：将窗体上的计时器 Interval 属性被设置为 1000，即 1s。利用 Timer 事件自动对变量 Num 进行计数，再利用取余函数和取整函数计算出秒数、分钟数和小时数显示在 3 个文本框中。利用计时器进行计数的程序，是计时器控件的另一个主要应用。

项目设计：

（1）创建界面。新建一个标准 EXE 工程，在窗体中添加 3 个标签、1 个计时器、3 个文本框和 2 个命令按钮。

（2）设置属性。各对象的属性设置如表 6.5 所示。

表 6.5　属性设置

对　　象	属　　性	属　性　值
Label1	Caption	小时
Label2	Caption	分
Label2	Caption	秒
Text1	Text	空
Text2	Text	空
Text3	Text	空
Command1	Caption	开始
Command2	Caption	结束
Timer1	Interval	1000
	Enabled	False

（3）编写事件过程代码如下。

```
Dim num As Integer
Private Sub Command1_Click()
    Timer1.Enabled = True
End Sub
Private Sub Command2_Click()
    Timer1.Enabled = False
End Sub
Private Sub Timer1_Timer()
    num = num + 1
    Text1.Text = Int(num/3600)
    Text2.Text = Int(num/60) Mod 60
    Text3.Text = num Mod 60
End Sub
```

说明：变量 num 用来进行累加计数，其值为 Timer 事件发生的次数，即秒数。取整函数和取余运算用来生成分钟和小时。

本 章 小 结

本章介绍了 VB 中的几个常用标准控件：单选钮、复选框、框架、滚动条、列表框、组合框和计时器。其中，单选钮（OptionButton）和复选框（CheckBox）为用户提供唯一性选择和复合性选择的选项；框架（Frame）用于将其他控件对象分组，不仅实现了视觉上的区分，而且可使框架内的控件成为一个整体；滚动条（ScrollBar）用来协助观察数据或确定位置，也可以作为数据输入的工具；列表框（ListBox）和组合框（ComboBox）提供一个显示多个项目的列表，用户可从中进行选择一个或多个项目；计时器是按时间间隔周期性地触发事件的控件，可用来按时间控制某些操作或用于计时。

习　　题

一、选择题

1. 下列叙述中，错误的是＿＿＿。
   A. 列表框与组合框都有 List 属性
   B. 列表框有 Selected 属性，而组合框没有
   C. 列表框和组合框都有 Style 属性
   D. 组合框有 Text 属性，而列表框没有

2. 滚动条可以响应的事件是＿＿＿。
   A. Load　　　　B. Scroll　　　　C. Click　　　　D. MouseDown

3. 设窗体上有一个名称为 HS1 的水平滚动条，如果执行了语句：HS1.Value=(HS1.Max-HS1.Min)/2+HS1.Min，则＿＿＿。
   A. 滚动块处于最左端
   B. 滚动块处于最右端
   C. 滚动块处于中间位置
   D. 滚动块可能处于任何位置，具体位置取决于 Max、Min 属性的值

4. 窗体上有一个名称为 Cb1 的组合框，程序运行后，为了输出选中的列表项，应使用的语句是＿＿＿。
   A. Print Cb1.Selected　　　　　　B. Print Cb1.List(Cb1.ListIndex)
   C. Print Cb1.Selected.Text　　　　D. Print Cb1.List(ListIndex)

5. 为了在窗体上建立 2 组单选按钮，并且当程序运行时，每组都可以有一个单选按钮被选中，则以下做法中正确的是＿＿＿。
   A. 把这 2 组单选按钮设置为名称不同的 2 个控件数组
   B. 使 2 组单选按钮的 Index 属性分别相同
   C. 使 2 组单选按钮的名称分别相同
   D. 使 2 组单选按钮分别画到 2 个不同的框架中

6. 窗体 Form1 上有一个名称为 Command1 的命令按钮，以下对应窗体单击事件的事件过程是＿＿＿。
   A. ```
      Private Sub Form1_Click()
          …
      End Sub
      ```
   B. ```
      Private Sub Form_Click()
          …
      End Sub
      ```

C.
```
Private Sub Command1_Click()
    …
End Sub
```
D.
```
Private Sub Command_Click()

    …
End Sub
```

7. 窗体上有 1 个名为 Command 1 的命令按钮和 1 个名为 Timer 1 的计时器，并有下面的事件过程：

```
Private Sub Command1_Click()
    Timer 1.Enabled=True
End Sub
Private Sub Form_Load()
    Timer 1.Interval=10
    Timer 1.Enabled=False
End Sub
Private Sub Timer1_Timer()
    Command1.Left=Command1.Left+10
End Sub
```

程序运行时，单击命令按钮，则产生的结果是_____。

A. 命令按钮每 10s 向左移动一次

B. 命令按钮每 10s 向右移动一次

C. 命令按钮每 10ms 向左移动一次

D. 命令按钮每 10ms 向右移动一次

8. 设窗体上有一个名为 List1 的列表框，并编写下面的事件过程：

```
Private Sub List 1_Click()
    Dim ch AS String
    ch=List 1.List(List1.ListIndex)
    List 1.RemoveItem List1.ListIndex
    List 1.AddItem ch
End Sub
```

程序运行时，单击一个列表项，则产生的结果是_____。

A. 该列表项被移到列表的最前面

B. 该列表项被删除

C. 该列表项被移到列表的最后面

D. 该列表项被删除后又在原位置插入

9. 下面_____属性肯定不是框架控件的属性。

A. Text   B. Caption   C. Left   D. Enabled

10. 窗体上有 List1、List2 两个列表框，List1 中有若干列表项（见图 6.16），并有下面的程序：

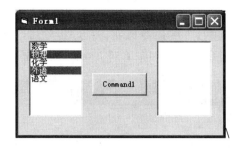

图 6.16　题 10 图

```
Private Sub Command1_Click()
    For k=List1.ListCount-1 To 0 Step -1
        If List1.Selected(k) Then
            List2.AddItem List1.List(k)
            List1.RemoveItem k
        End If
    Next k
End Sub
```

　　程序运行时，按照图示在 List1 中选中 2 个列表项（物理和外语），然后单击 Command1 命令按钮，则产生的结果是_____。

　　A．在 List2 中插入了"外语"、"物理"两项

　　B．在 List1 中删除了"外语"、"物理"两项

　　C．同时产生 A 和 B 的结果

　　D．把 List1 中最后 1 个列表项删除并插入到 List2 中

二、填空题

　　1．为了使复选框禁用（即呈现灰色），应把它的 Value 属性设置为__[1]__。

　　2．在窗体上画 1 个标签、1 个计时器和 1 个命令按钮，其名称分别为 Label1、Timer1 和 Command1。程序运行后，如果单击命令按钮，则标签开始闪烁，每秒钟"欢迎"显示或消失一次。以下是实现上述功能的程序，请填空。

```
Private Sub Form_Load()
    Label1.Caption="欢迎"
    Timer1.Enabled=False
    Timer1.Interval= [2]
End Sub
Private Sub Timer1_Timer()
    Label1.Visible= [3]
End Sub
Private Sub command1_Click()
    [4] 。
End Sub
```

3. 窗体上有一个名称为 Combo1 的组合框，其初始内容为空，有一个名称为 Command1、标题为"添加项目"的命令按钮。程序运行后，如果单击命令按钮，会将给定数组中的项目添加到组合框中，如图 6.17 所示。请填空。

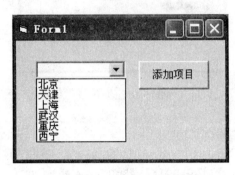

图 6.17　题 3 图

```
Option Base 1
Private Sub Command 1_ Click()
    Dim city As Variant
    city=  [5]  ("北京","天津","上海","武汉","重庆","西宁")
    For i=  [6]  To UBound(city)
        ComboI.AddItem  [7]
    Next
End Sub
```

4. 程序运行时在窗体上显示"VB 程序设计"几个字，窗体上的 2 个组合框分别用来设置窗体上文字的字体和字号。单击组合框，从中选择字体和字号，窗体上显示的文字会随之作相应的变化，如图 6.18 所示。下面给出的程序代码不完整，请填空。

图 6.18　题 4 图

```
'在窗体 Load 事件中为两个组合框添加字号和字体
Private Sub Form_Load()
    Combo1.AddItem 10
    Combo1.AddItem 15
```

```
    Combo1.AddItem 20
    Combo2.AddItem "黑体"
    Combo2.AddItem "隶书"
    Combo2.AddItem "宋体"
End Sub
'单击"字号"组合框中某一项目时改变标签中文字的字号
Private Sub Combo1_Click()
    Label1.FontSize =  [8]
End Sub
'单击"字体"组合框中某一项目时改变标签中文字的字体
Private Sub Combo2_Click()
    [9]
End Sub
```

5. 在窗体中有 1 个列表框、3 个命令按钮。单击"追加随机数"按钮，将在列表框末尾追加一个随机整数（介于 0～100 之间，不包括 100），单击"删除所选数"按钮可以删除所选择的项，单击"清空所有数"按钮可以删除所有项，如图 6.19 所示。下面的程序不完整，请填空。

图 6.19　题 5 图

```
Private Sub Command1_Click()
    Dim x As Integer
    Randomize
    '产生大于等于 0 小于 100 的整数
    x = Int(Rnd * 100)
    '下面的语句用来在列表框中添加项目
    [10]  Str(x)
End Sub
Private Sub Command2_Click()
    If List1.ListIndex <> -1 Then
    '下面语句用来删除列表框中选中的项目
        [11]
    Else
```

```
        MsgBox "还没有做选择"
    End If
End Sub
Private Sub Command3_Click()
    '下面语句用来清除列表框中的所有项目
     [12]
End Sub
```

第7章 数　组

学习目标与要求：

● 掌握静态数组的定义及操作。
● 掌握动态数组的定义。
● 掌握控件数组的使用。

7.1　数组概述

7.1.1　数组的定义

前面程序中用到的变量都是独立的变量，变量之间没有内在的联系。但我们在处理实际问题时，常常遇到有联系的同一类型的成批数据。例如，一个班 30 名学生的某门课程的考试成绩，如果用 30 个简单变量 a、b、c 等分别存储，既麻烦又不能反映数据间的本来顺序。遇到这种情况时，我们可以把这批数据用一个统一的名字 s 来表示，其中每个数据可以表示成 s(1)，s(2)，…，s(30)。这个 s 就是表示一组学生成绩的"数组"的名字，括号中的数字 1，2，…，30 称为下标。

数组是一组同名变量的集合。与简单变量不同的是：数组中的数据不是无规律存放的，而是按照下标的顺序存放的，在内存中占据一片连续的存储单元。只有一个下标的数组称为一维数组，具有两个或多个下标的数组称为二维数组或多维数组。在使用数组之前，必须先定义数组。

1. 一维数组的定义

格式：Public|Dim|Static <数组名> (下标上界) [As 数据类型]
说明：

（1）Public 语句表示数组为公用数组，如果希望数组为模块级数组，则在模块中通用声明处用 Dim 语句定义数组，如果希望数组为局部数组，则在过程中用 Static 或 Dim 语句定义数组。例如，

```
Public test(4) As Integer
Dim s(2) As Long
```

（2）"数组名"在程序中用来代表数组的名称。数组名遵循与变量名同样的命名规则。
（3）"下标上界"是待定义数组元素的最大下标。注意，在 VB 中数组的第一个元素的下标是 0，即下标下界为 0，所以若定义一个数组的下标上界为 n，则该数组最多可

以拥有 n+1 个元素。例如，

```
Public test(4) As Integer
```

定义了一个下标上界是4的数组，数组中实际包含5个元素，分别为test(0)、test(1)、test(2)、test(3)、test(4)。

在默认情况下，数组的起始下标是 0，也可以强制改变数组的起始下标，使其变为1，方法是在程序代码的通用声明部分插入"Option Base 1"语句。这样，在该程序模块中定义的所有数组，其第一个元素的下标都是 1。在定义数组时要根据实际情况决定数组的起始下标。

（4）"数据类型"用于指定数组元素的数据类型。如果指定了数据类型，则数组中的所有元素都具有相同的数据类型；如果未指定数组的数据类型，则默认为变体型，变体型的数组可以存放不同类型的数据元素。

（5）VB 还提供了另一种数组定义格式：

Public|Dim|Static <数组名>(下界 To 上界) [As 数据类型]

这种定义格式可以指定数组上下界，其范围可以是-32768~32767。例如，

```
Public Arr(2 To 5)   '数组元素为 Arr(2)、Arr(3)、Arr(4)、Arr(5)共 4 个元素
PublicArr(-1To3)     '数组元素为 Arr(-1)、Arr(0)、Arr(1)、Arr(2)、Arr(3)
```

使用这种定义格式可以更好地反映对象的特性，例如，

```
Dim age(18 To 40)              '用来存储年龄从 18~40 岁人的数组
Dim production(1998 To 2004)   '用来存储 1998~2004 年的产量的数组
```

2. 多维数组的定义

格式：Public|Dim|Static <数组名> (第一维下标，第二维下标) [As 数据类型]
例如，

```
Public Arr(2,3) As Integer
```

定义一个二维数组，名字为 Arr，数据类型为 Integer，该数组有 3 行（0~2）、4 列（0~3），共 12 个元素，如表 7.1 所示。

表 7.1 二维数组元素

Arr(0,0)	Arr(0,1)	Arr(0,2)	Arr(0,3)
Arr(1,0)	Arr(1,1)	Arr(1,2)	Arr(1,3)
Arr(2,0)	Arr(2,1)	Arr(2,2)	Arr(2,3)

同一维数组一样，二维数组也可以用指定上下界的方式定义，例如，

```
Public a(1 To 2,1 To 3)As Integer
```

定义后数组元素为 a(1,1)、a(1,2)、a(1,3)、a(2,1)、a(2,2)、a(2,3)，共 6 个元素。

3. 数组的上下界

无论定义一维或多维数组，下界都必须小于上界。如果需要知道数组的上界值和下界值，可以通过 Lbound 和 Ubound 函数来测试。

格式：

　　　Lbound(数组名[，维])

　　　Ubound(数组名[，维])

这两个函数分别返回一个数组中指定维的下界和上界，若两个一起使用即可确定一个数组元素个数。

对于一维数组来说，参数"维"可以省略。如果测试多维数组，则"维"不能省略。例如，

```
Dim a(10)
Print Lbound(a), Ubound(a)           '结果为 0    10
Dim b(1 to 100, 50)
Print Lbound(b,1), Ubound(b,1)
                    '求数组 b 第一维的下界和上界，结果为 1    100
Print Lbound(b,2), Ubound(b,2)
                    '表示求数组 b 第二维的下界和上界，结果为 0    50
```

7.1.2　数组元素的操作

1. 数组的引用

数组的引用通常是指对数组元素的引用，其方法是在数组名后面的括号中指定被引用元素的下标，例如，a(2)，b(1,3)数组元素与变量的用法相同，既可以被赋值，也可以参加表达式的运算。例如，

```
a(1) = "a"
a(2) = "b"
b(1,3) = a(1) + a(2)
```

引用数组时应注意下标要在定义的范围内，否则会出现"下标越界"的错误。

2. 数组元素的输入/输出

定义数组其实是为数组安排一块连续的内存存储区，但这并不意味着内存里该数组已建立了应有的内容。

数组有上界和下界，数组元素在上下界之间是连续的，所以利用数组与循环语句的配合，可以方便地处理数组元素，从而简化程序。对数组元素值的输入、输出都采用这种方法。一般情况下，对于一维数组的输入/输出采用一重循环，而对于二维数组的输入/输出则采用双重循环。

（1）用 InputBox 函数为数组元素赋值。例如，

```
Dim A(5)
For i = 0 To 5
    A(i) = Val(InputBox("请输入一个数", "数组输入"))
Next i
```

（2）将数组元素赋值为有规律的数列。例如，

```
Dim A(5)
For i＝0 To 5
    A(i)＝i
Next i
```

该程序定义了一个含有 6 个元素的数组 A，利用循环变量为数组元素依次赋值，分别为 0、1、2、3、4、5。为数组元素赋值为有规律的数列，需要找出数组元素下标与循环控制变量的关系。例如，将数组元素存储为奇数数列，可以这样设计循环：

```
For i＝1 To n
    A(i)＝2*i-1
Next i
```

（3）用 Array()函数为数组元素赋值。

定义数组除了使用命令定义的方法，还可以利用 Array()函数将变体型变量定义为数组，并直接为数组元素赋值。

函数格式：Array（元素列表）

例如：

```
Dim a                    '定义变量a
a=Array (1,5,9,3,2)
```

此时变量 a 成为数组，并且有 5 个元素，即 a(0)=1、a(1)=5、a(2)=9、a(3)=3、a(4)=2。Array()函数定义的数组起始下标会受到语句 Option Base 1 的影响。

注意：Array 函数只适用于一维数组，即只能对一维数组进行初始化，不能对二维或多维数组进行初始化。用 Array 函数赋值的变量只能是变体型的变量，不可以是其他类型的变量。

（4）输出数组元素的值。例如，

```
For i=0 To 5
    Print A(i);
Next i
```

【例 7.1】　输出斐波那契数列的前 20 项。斐波那契数列的定义是数列的前两项 0 和 1，以后每项均为其前两项的和，即依次为 0，1，1，2，3，5，8，13，21，…

```
Private Sub Command1_Click()
    Dim a(20) As Long
```

```
        a(1) = 0                            '数列第 1 项
        a(2) = 1                            '数列第 2 项
        For i = 3 To 20                     '应用循环求第 3~20 项
          a(i) = a(i-2) + a(i-1)            '数列第 3 项为前两项和
        Next
        For i = 1 To 20
          Print a(i);
        Next
    End Sub
```

【例 7.2】　二维数组的输入/输出。

程序代码：

```
    Private Sub Form_Click()
        Const m% = 3, n% = 4
        Dim a(m, n) As Integer
        Dim s As Integer, i As Integer, j As Integer
        For i = 1 To m                         '外循环控制二维数组行数
          For j = 1 To n                       '内循环控制二维数组列数
            a(i, j) = Val(InputBox("输入数据", "二维数组输入"))   '输入数组元素
          Next j
        Next i
        For i = 1 To m
          For j = 1 To n
            Print Tab(8 * j); a(i, j);         '二维数组的输出
          Next j
        Print                                  '换行
        Next i
    End Sub
```

程序运行结果如图 7.1 所示。

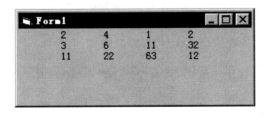

图 7.1　运行结果

【例 7.3】　设计程序将 4 个学生 3 门课程的考试成绩（均为整数）存放在 4 行 3 列的数组 score(4,3)中，并计算每个学生的总分。

程序代码：

```
    Option Base 1
```

```
Private Sub Command1_Click()
    Dim sum As Integer
    Dim score(4, 3) As Integer
    For i = 1 To 4                    '输入学生成绩，并输出
        For j = 1 To 3
            score(i, j) = Val(InputBox("输入数据", "二维数组输入"))
            Print Tab(8 * j); score(i, j);
        Next j
    Next i
    For i = 1 To 4                    '外循环表示行数，即一个学生
        sum = 0                       '每行开始位置赋变量 s 初值为 0
        For j = 1 To 3                '内循环表示每行有几个元素，即 3 门课程
            sum = sum + score(i,j)
        Next j
        Print
        Print "第" & i & "个学生的总分是:"; sum
    Next i
End Sub
```

7.1.3　动态数组

前面使用的数组都是先定义好的固定大小的数组，这种数组被称为静态数组。有时并不知道需要定义多大的数组才合适，所以希望能够在程序运行时改变数组大小，这时可以定义动态数组。

在 VB 中，动态数组灵活方便，可以在任何时候改变元素个数，可以有效管理内存。例如，可短时间使用一个大数组，然后在不需要这个数组时，将内存空间释放给系统。

创建动态数组步骤如下。

（1）首先定义一个没有下标的数组，即动态数组。例如，

　　　Dim Arr() As Integer

（2）用 ReDim 语句分配实际的元素个数。格式：

　　　ReDim [Preserve]　<数组名>(下标) [As 数据类型]

例如，

```
ReDim  Arr (10)
ReDim  Arr (2 To10)
```

ReDim 语句只能出现在过程中，用于改变元素个数以及上、下界，数组的维数也可以改变，但数据类型不可改变。在一个程序中，可以多次使用 ReDim 语句定义同一个数组。例如，

```
Dim s As Integer
Dim a() As Integer                 '定义一个动态数组
ReDim a(5)                         '给数组分配空间
s = InputBox("Input a number:")    '将输入的数值作为数组下标上界
ReDim a(s)                         '再次给数组分配空间
```

ReDim 重新定义动态数组时，数组中的内容将被清除，但如果使用 Preserve 选项，则不清除原数组内容。

【例 7.4】 动态数组示例。

```
Option Base 1
Private Sub Form_Click()
    Dim a() As Integer
    ReDim a(3,2)
    For i=1 To 3
      For j=1 To 2
          a(i,j)=i+j
      Next j
    Next i
    ReDim Preserve a(3,4)
    For j=3 To 4
      a(3,j)=j+9
    Next j
    Print a(3,2), a(3,4)
End Sub
```

该程序中重新定义动态数组为 a(3,4) 时使用了 Preserve 选项，所以原数组元素中的值依然保留，没有被清除。程序运行结果为：5　　13。

7.1.4　数组的清除

静态数组定义后不能改变大小，但可以使用 Erase 语句清除数组内容，Erase 也可以释放动态数组的空间。

格式：Erase <数组名>

说明：

（1）对于静态数组，如果数组为数值型，则将数组中的所有元素置为 0；如果数组为字符串型，则将所有元素置为空字符串；如果数组为变体型，则将数组元素置为 Empty。

（2）对于动态数组，Erase 将释放动态数组占用内存，即动态数组被清除，下次使用之前必须使用 ReDim 重新定义。

7.1.5　For Each...Next 语句

For Each...Next 语句是专门用于数组的一种循环控制语句，其功能为依次访问数组元素。

格式：

```
For Each  成员  In  数组名
    循环体
    [Exit For]
Next
```

说明：

（1）"成员"是一个变体变量，在循环过程中代表每一个数组元素。

（2）循环次数由数组元素的个数决定，即有多少个数组元素，就循环多少次。

【例 7.5】　数组循环语句示例。

```
Private Sub Form_Click()
    Dim a(1 To 5)
    For i = 1 To 5
        a(i) = Int(Rnd * 100)       '生成 5 个 100 以内随机整数
    Next
    For Each x In a                 'x 为变体型变量，每次循环代表一个元素
        Print x;
    Next
End Sub
```

该循环可以依次访问数组元素，对每个元素执行 Print 方法。对于数组元素的循环操作，For Each…Next 语句比 For…Next 语句更方便。

7.2　与数组有关的常用算法程序

7.2.1　求最值问题

【例 7.6】　从 5 个数中找出最大数。

算法设计：程序应用 Array 函数将 5 个数存入数组 a 中。若想找出数组中最大数，令第 1 个数为最大数即 m=a(1)，利用循环将后面的数依次与 m 比较，若遇到大于 m 的数，则让 m 存储该数，即语句 If a(j) > m Then m = a(j)，循环结束后，m 中存储的数一定是最大值。

程序代码：

```
Option Base 1
Private Sub Form_Click()
    Dim a
    a=Array(1,3,2,7,9)
    Print
    m = a(1)
    For j = 2 To 5
        If a(j) > m Then m = a(j)
```

```
    Next j
    Print "max = "; m
  End Sub
```

程序运行结果为 max= 9。

7.2.2 排序问题

【例 7.7】 将 n 个数从大到小排序。

排序是一维数组的一个重要应用，排序方法很多，我们先介绍一种选择排序方法。

算法设计：

（1）将 n 个数从大到小排序，其实质是找大数，第 1 次找出第 1 大的数，第 2 次找出第 2 大的数，…，第 i 次找出第 i 大的数，直到找出倒数第 2 大的数为止（用一重循环来实现）。

（2）当找第 i 大的数时，将该数与后面的数逐个比较，如果该数小于某个数则交换，比较完毕则可将第 i 大的数换到位置 i 上（又需一重循环来实现）。

例如，将 4，6，9，7，5 从大到小排序。

```
i = 1              4,6,9,7,5        '找第 1 大的数，放在第 1 位置
      j = 2        6,4,9,7,5
      j = 3        9,4,6,7,5
      j = 4        9,4,6,7,5
      j = 5        9,4,6,7,5        '第 1 大的数被找出
i = 2              4,6,7,5          '找第 2 大的数，放在第 2 位置
      j = 3        6,4,7,5
      j = 4        7,4,6,5
      j = 5        7,4,6,5          '第 2 大的数被找出
i = 3              4,6,5            '找第 3 大的数，放在第 3 位置
      j = 4        6,4,5
      j = 5        6,4,5            '第 3 大的数被找出
i = 4              4,5              '找第 4 大的数，放在第 4 位置
      j = 5        5,4              '第 4 大的数被找出
```

此时，已按从大到小的顺序排序：9，7，6，5，4。

程序代码：

```
Private Sub Form_Click()
    Const n% = 5
    Dim a(n) As Integer, L As Integer
    For i = 1 To n
        a(i) = Val(InputBox("输入数据", "排序"))
        Print a(i);
    Next i
    Print
    For i = 1 To n - 1
```

```
        For j = i + 1 To n
           If a(i) < a(j) Then
              t = a(i)
              a(i) = a(j)
              a(j) = t
           End If
        Next j
     Next i
     For j = 1 To n
        Print a(j);
     Next j
   End Sub
```

程序运行结果如图 7.2 所示。

图 7.2　运行结果

7.2.3　矩阵问题

矩阵问题是二维数组的一个重要的应用。利用二维数组可以方便地表示矩阵，并实现对矩阵进行计算。矩阵的计算问题是针对数组元素下标按照一定规则进行引用。表 7.2 为 5×5 矩阵下标，例如，求第 2 行的和，即求行标为 2 的所有元素 a(2, j)的和。求对角线元素的和，则是求行标与列标相等的元素 a(I, i)的和。

表 7.2　矩阵元素下标

(1, 1)	(1, 2)	(1, 3)	(1, 4)	(1, 5)
(2, 1)	(2, 2)	(2, 3)	(2, 4)	(2, 5)
(3, 1)	(3, 2)	(3, 3)	(3, 4)	(3, 5)
(4, 1)	(4, 2)	(4, 3)	(4, 4)	(4, 5)
(5, 1)	(5, 2)	(5, 3)	(5, 4)	(5, 5)

【例 7.8】　矩阵的赋值和输出。

将矩阵赋值为：

$$
\begin{matrix}
1 & 0 & 0 & 0 & 0 \\
2 & 1 & 0 & 0 & 0 \\
2 & 2 & 1 & 0 & 0 \\
2 & 2 & 2 & 1 & 0 \\
2 & 2 & 2 & 2 & 1
\end{matrix}
$$

算法设计：该矩阵的特点为当下标 i<j 时，a(i, j) = 0；当下标 i=j 时，a(i, j) =1；当下标 i>j 时，a(i, j) =2。

程序代码：

```
Private Sub Form_Click()
    Dim a(5, 5) As Integer
    For i = 1 To 5
        For j = 1 To 5
            If i < j Then a(i, j) = 0
            If i = j Then a(i, j) = 1
            If i > j Then a(i, j) = 2
        Next j
    Next i
    For i = 1 To 5
        For j = 1 To 5
            Print Tab(5 * j); a(i, j);
        Next j
        Print
    Next i
End Sub
```

【例 7.9】 矩阵综合应用。原始矩阵为有规律的数列，每个按钮实现对矩阵的一个操作，如图 7.3 所示。

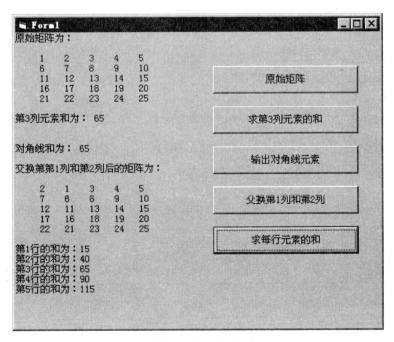

图 7.3 运行结果

```
Option Base 1
Const N = 5                          '2 个常量用于定义数组下标上界
Const M = 5
Dim a(M, N)
```

```
Private Sub Command1_Click()
    '将矩阵赋值为有规律的数列，关键是找到每个元素与行标、列标的关系
    Dim i%, j%, t%
    For i = 1 To N
      For j = 1 To M
        a(i, j) = 5 * (i - 1) + j
      Next j
    Next i
    Print "原始矩阵为："
    Print
    For i = 1 To N
      For j = 1 To M
        Print Tab(5 * j); a(i, j);
      Next j
      Print
    Next i
End Sub
Private Sub Command2_Click()                    '求第 3 列元素和
    Dim s%
    For i = 1 To M
      s = s + a(i, 3)
    Next i
    Print
    Print "第 3 列元素和为："; s
End Sub
Private Sub Command3_Click()                    '输出对角线
    Dim s%
    Print
    For i = 1 To N
      s = s + a(i, i)
    Next i
    Print
    Print "对角线和为："; s
End Sub
Private Sub Command4_Click()                    '交换第 1 列和第 2 列
    For i = 1 To M
      t = a(i, 1)
      a(i, 1) = a(i, 2)
      a(i, 2) = t
    Next i
    Print
    Print "交换第 1 列和第 2 列后的矩阵为："
    Print
```

```
      For i = 1 To N
        For j = 1 To M
          Print Tab(5 * j); a(i, j);
        Next j
        Print
      Next i
    End Sub
    Private Sub Command5_Click()                '求每行元素的和
      Print
      For i = 1 To N
        s = 0                                   '求每行和时先将 s 清零
        For j = 1 To M
          s = s + a(i, j)
        Next j
        Print "第" & i & "行的和为: " & s
      Next i
      Print ""
    End Sub
```

7.3　控　件　数　组

数组有两类：普通数组和控件数组。控件数组为我们处理功能相近的控件提供了极大的方便。

7.3.1　控件数组的概念

控件数组是一组具有相同名称、类型和事件过程的控件，如 Label1(0)、Label1(1)、Label1(2)等。在实际应用中，有时会用到一些类型相同且功能类似的控件。如果对每一个控件都单独处理，就会多做一些重复的工作。这时，我们可以用控件数组来简化程序。

控件数组具有以下特点。

（1）相同的控件名称（即 Name 属性）。

（2）控件数组中的控件具有相同的一般属性。

（3）所有控件共用相同的事件过程。

（4）以下标索引值（Index）来标识各个控件，第 1 个下标索引号为 0，第 2 个下标索引号为 1，以此类推，不受 Option Base 语句的影响。

7.3.2　控件数组的建立

控件数组中每一个元素都是控件，它的定义方式与普通数组不同。可以通过以下两种方法建立控件数组。

（1）复制已有的控件并将其粘贴到窗体上。

（2）将窗体上已有的类型相同的多个控件的 Name 属性设置为相同的值。

消息框提示已经有相同名称的控件，是否创建控件数组，此时选择"是"按钮，则可建立一个控件数组。

7.3.3　控件数组的使用

建立了控件数组之后，控件数组中所有控件共享同一事件过程。例如，假定某个控件数组含有 10 个按钮，则不管单击哪个按钮，系统都会调用同一个 Click 过程，并且会将被单击的按钮的 Index 属性值传递给过程，由事件过程根据不同的 Index 值执行不同的操作。

【例 7.10】　建立含有 4 个命令按钮的控件数组，单击某个按钮时，显示所选按钮名称。

（1）界面设计：向窗体 Form1 中添加由 4 个命令按钮组成的控件数组，该数组的名称为 Command1，4 个按钮的 Index 属性值分别为 0、1、2、3，各控件的 Caption 属性设置如图 7.4 所示。

（2）程序代码：

```
Private Sub Command1_Click(Index As Integer)
    FontSize = 12
    Select Case Index
        Case 0
            Print "选择了按钮 1"
        Case 1
            Print "选择了按钮 2"
        Case 2
            Print "选择了按钮 3"
        Case 3
            End
    End Select
End Sub
```

（3）程序运行时，无论单击哪一个按钮，都调用 Command1_Click 事件，但因为按钮的 Index 属性值不同，而输出内容由 Index 属性值决定，所以选择不同的按钮时，显示内容也随之改变。

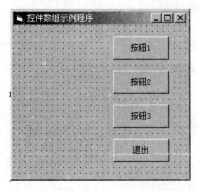　　　

图 7.4　窗体设计布局　　　　　　　图 7.5　程序运行界面

【例 7.11】 应用复选框控件数组设计选课系统界面。

项目说明：程序运行结果如图 7.5 所示。程序运行时，单击任何复选框，则把所有选中的复选框标题文字罗列在文本框中。

（1）界面设计：向窗体 Form1 中添加 2 个标签，1 个文本框和 4 个复选框组成的控件数组，该数组的名称为 Check1，4 个复选框的 Index 属性值分别为 0、1、2、3，各控件的 Caption 属性如图 7.5 所示。

（2）程序代码：

```
Private Sub Check1_Click(Index As Integer)
    Text1.Text = ""
    For k = 0 To 3
      If Check1(k).Value = 1 Then
          Text1.Text = Text1.Text & Check1(k).Caption & " "
       End If
    Next k
End Sub
```

本 章 小 结

本章介绍了 VB 数组的定义及应用。数组是同名但下标不同的一系列变量，有上界和下界，可以通过循环访问每个元素。可以定义固定大小的静态数组，也可以定义能改变数组元素个数的动态数组。由控件组成的数组称为控件数组。

习 题

一、选择题

1. 默认情况下，下面声明的数组的元素个数是_____。

```
Dim a(5, -2 To 2)
```

A. 20   B. 24   C. 25   D. 30

2. 在窗体上画一个命令按钮（其名称为 Command1），然后编写如下代码：

```
Private Sub Command1_Click()
    Dim a
    a = Array(1, 2, 3, 4)
    i = 3: j = 1
    Do While i >= 0
      s = s + a(i) * j
      i = i - 1
      j = j * 10
    Loop
```

```
      Print s
  End Sub
```

运行上面的程序，单击命令按钮，则输出结果是_____。

    A. 4321　　　B. 123　　　　　　C. 234　　　　　　D. 1234

3. 阅读程序：

```
Private Sub Command1_Click()
  Dim arr
  Dim i As Integer
  arr = Array(0, 1, 2, 3, 4, 5, 6, 7, 8, 9, 10)
  For i = 0 To 2
    Print arr(7 - i);
  Next
End Sub
```

程序运行后，窗体上显示的是_____。

    A. 8　　7　　6　　　　　　B. 7　　　6　　　5

    C. 6　　5　　4　　　　　　D. 5　　　4　　　3

4. 在窗体上画一个名为 Command1 的命令按钮，然后编写以下程序：

```
Private Sub Command1_Click()
    Dim a(10) As Integer
    For k = 10 To 1 Step -1
      a(k) = 20 - 2 * k
    Next k
    k = k + 7
    Print a(k - a(k))
  End Sub
```

运行程序，单击命令按钮，输出结果是_____。

    A. 18　　　B. 12　　　　　　C. 8　　　　　　D. 6

5. 窗体上有一个名为 Command1 的命令按钮，并有如下程序：

```
Private Sub Command1_Click()
    Dim a(10), x%
      For k=1 To 10
        a(k)=Int(Rnd*90+10)
        x=x+a(k) Mod 2
      Next k
    Print x
End Sub
```

程序运行后，单击命令按钮，输出结果是_____。

    A. 10 个数中奇数的个数　　　　B. 10 个数中偶数的个数

    C. 10 个数中奇数的累加和　　　D. 10 个数中偶数的累加和

6. 请阅读程序:

```
Option Base 1
Private Sub Form_Click()
    Dim Arr(4, 4) As Integer
    For i = 1 To 4
      For j = i To 4
        Arr(i, j) = (i - 1) * 2 + j
      Next j
    Next i
    For i = 3 To 4
      For j = 3 To 4
        Print Arr(j, i);
      Next j
      Print
    Next i
End Sub
```

程序运行后，单击窗体，则输出结果是_____。

A. 5 7　6 8　　　　　　　B. 6 8　7 9

C. 7 9　8 10　　　　　　　D. 8 10　8 11

7. 设有如下程序段:

```
Dim a(10)
   …
For Each x In a
   Print x;
Next x
```

在上面的程序段中，变量 x 必须是_____。

A. 整型变量　　　　　　　B. 变体型变量

C. 动态数组　　　　　　　D. 静态数组

8. 下面正确使用动态数组的是_____。

A. Dim arr() As Integer
   …
   ReDim arr(3,5)

B. Dim arr() As Integer
   …
   ReDim arr(50)As String

C. Dim arr()
   …
   ReDim arr(50) As Integer

D. Dim arr(50) As Integer
   …
   ReDim arr(20)

二、填空题

1. 以下程序的功能是：先将随机产生的 10 个不同的整数放入数组 a 中，再将这 10 个数按升序方式输出。请填空。

```
Private Sub Form_Click()
    Dim a(10) As Integer, i As Integer
    Randomize
    i = 0
    Do
     num = Int(Rnd * 90) + 10
     For j = 1 To I  '检查新产生的随机数是否与以前的相同，相同的无效
       If num = a(j) Then
         Exit For
       End If
     Next j
     If j > i Then
      i = i + 1
      a(i) =  [1]
     End If
    Loop While i < 10
    For i = 1 To 9
     For j =  [2]  To 10
      if a(i)>a(j) then temp =a(i) ; a(i)=a(j) ;  [3]
     Next j
    Next i
    For i = 1 To 10
      Print a(i)
    Next i
End Sub
```

2. 以下程序的功能是：用 Array 函数建立一个含有 8 个元素的数组，然后查找并输出该数组中元素的最大值，请填空。

```
Option Base 1
Private Sub Command1_Click()
  Dim arr1, Max as Integer
  arr1 = Array(12, 435, 76, 24, 78, 54, 866, 43)
   [4]  = arr1(1)
  For i = 1 To 8
      If arr1(i) > Max Then [5]
  Next i
  Print "最大值是: "; Max
End Sub
```

3. 在窗体上画一个名称为 Text1 的文本框，然后画三个单选按钮，并用这三个单选按钮建立一个控件数组，名称为 Option1，程序运行后，如果单击某个单选按钮，则文本框中的字体将根据所选择的单选按钮切换，请填空。

```
Private Sub Option1_Click(Index As Integer)
   Select Case   [6]
      Case 0
         a = "宋体"
      Case 1
         a = "黑体"
      Case 2
         a = "楷体_GB2312"
   End Select
   text1.  [7]  =a
End Sub
```

第8章 过 程

学习目标与要求：

● 掌握 Sub 过程的使用方法。
● 掌握 Function 过程的使用方法。
● 掌握过程参数的使用方法。
● 掌握多窗体设计。

　　所谓过程就是一段命名的程序代码，通过名字可以反复调用，从而增加程序的可读性和可维护性。从前面的例子我们已经看到，VB 的程序运行都是由事件驱动来实现的，而事件驱动就是通过事件执行对应的事件过程。

　　VB 除了事件过程外，还允许用户定义过程，称为通用过程。因此，本质上 VB 的程序就是各种过程的集合。本章将介绍 VB 的通用过程（包括 Function 过程和 Sub 过程）和事件过程的定义、调用及其相关的问题。

　　在 VB 中使用下列几种过程。

（1）Sub 过程（子程序）。

（2）Function 过程（函数过程）。

（3）事件过程。

8.1　Sub 过程

　　Sub 过程又称子程序，是 VB 通用过程的一种形式。

8.1.1　Sub 过程定义

　　格式：

　　　　[Private|Public|Static] Sub<过程名>[(形式参数表)]

　　　　　　过程语句

　　　　　　[Exit Sub]

　　　　End Sub

　　说明：

　　（1）[Private|Public|Static]可以定义 Sub 过程的作用范围。

　　（2）"过程名"是定义的 Sub 过程的名称，长度不超过 255 个字符。

　　（3）"形式参数表"列出调用 Sub 过程时传送的变量，多个参数之间用逗号隔开。

格式为：

[ByVal |ByRef] 变量名 [As 数据类型]

其中，ByVal 和 ByRef 用于指定参数传递的方式，其区别将在 8.3.1 节介绍。"As 数据类型"用于指定参数的数据类型，缺省类型为变体类型。

（4）End Sub 表明代码块的结束。每个 Sub 过程必须有一个 End Sub 语句。当程序执行到该语句时，退出过程，并立即返回到上一级调用该过程的语句处，继续执行下面的语句。

（5）Exit Sub 语句用于强制退出过程。

例如，编写一个两个数交换的过程。

```
Private Sub Swap(x%, y%)
    Dim temp
    temp = x
    x = y
    y = temp
End Sub
```

此例中，Swap 为过程名；x%, y%为形式参数。过程的作用是交换变量 x 和 y 的值。

8.1.2　Sub 过程的调用

1. Sub 过程的调用命令

调用 Sub 过程有两种方法。

方法一：使用 Call 命令。

格式：Call <过程名> [(实际参数表)]

方法二：直接使用过程名调用。

格式：<过程名> [实际参数表]

说明：

（1）调用 Sub 过程时的参数称为实际参数，实际参数要与形式参数一一对应，即参数个数相同，数据类型一致。实际参数可以是变量，也可以是具体的值。当实参为数组时，实参名后也要加一对括号。

（2）当使用 Call 语句时，参数必须在括号内，若省略 Call 关键字，则必须省略参数两边的括号。例如，下列程序用来调用子程序并显示调用前后变量的不同结果。

```
Private Sub Form_Click()
    Dim a%, b%
    a = 10
    b = 20
    Print "过程调用前 a="; a; "b = "; b
    Call Swap(a, b)                      '或用 Swap a, b 表示调用过程
    Print "过程调用后 a="; a; "b = "; b
End Sub
```

2. 程序运行流程

调用语句常出现在主程序中，被调用的程序称为子程序。上述程序运行流程如下。

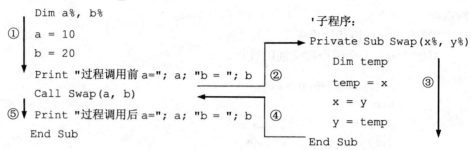

```
'主程序：
Private Sub Form_Click()
    Dim a%, b%
    a = 10
    b = 20
    Print "过程调用前 a="; a; "b = "; b
    Call Swap(a, b)
    Print "过程调用后 a="; a; "b = "; b
End Sub
```

```
'子程序：
Private Sub Swap(x%, y%)
    Dim temp
    temp = x
    x = y
    y = temp
End Sub
```

程序执行步骤如下。

（1）先执行主程序中的命令语句。

（2）在主程序中遇到语句 Call Swap(a, b)，则调用子程序 Swap，且主程序变量 a, b 的值传递给子程序中的变量 x, y。

（3）执行子程序中的语句。

（4）子程序执行结束，返回主程序，且子程序变量 x, y 的值传递给主程序中的变量 a, b。

（5）继续执行主程序中 Call Swap(a, b)命令以后的语句。

8.1.3　Sub 过程的参数传递

1. 形参和实参

形式参数：在定义通用过程时，出现在 Sub 语句中的变量，是接收传送子过程的变量，简称为形参。

实际参数：在调用 Sub 过程时，传送给 Sub 过程的常量、变量或表达式，简称为实参。例如，

```
Private sub swap(x%, y%)      '定义过程语句，x, y 为形式参数
   …
End sub
Call swap(a, b)               '调用过程语句，a,b 为实际参数
```

2. 参数传递

当调用 Sub 过程时，调用语句中的实际参数就与定义过程语句中的形式参数在个数位置上一一对应起来，并以某种方式传递数据，这个过程称为参数传递。在未出现过程调用时，形参并不占存储单元，只有在发生过程调用时，形参才被分配存储单元。在调用结束后，形参所占的存储单元被释放。例如，

定义语句:

```
Private Sub Swap(x%,y%)
    …
End Sub
```

调用语句:　　Call Swap(a, b)

即实参 a 和 b 对应形参 x 和 y,且数据类型相同。

【例 8.1】　利用 Sub 过程求三角形的面积。

算法设计:本程序定义两个 Sub 过程。

area(s,a,b,c)过程:求三角形的面积

err 过程:提示输入数据错误

在 Command1_Click()事件中,利用输入框输入 3 个边长,如果符合构成三角形的条件,则调用 area(s,a,b,c)过程,否则调用 err 过程。

程序代码:

```
Private Sub area(s As Double, x As Double, y As Double, z As Double)
    Dim p As Double
    p = (x + y + z) / 2
    s = Sqr((p - x) * (p - y) * (p - z) * p)
End Sub
Private Sub err()                       '定义错误提示过程,无参数
    MsgBox "请检查您的数据", vbYesNo + vbInformation, "数据错误"
End Sub
Private Sub Command1_Click()
    Dim a As Double, b As Double, c As Double, s As Double
    Dim intYesorNo As Integer
    a = InputBox("输入 A", "计算三角形面积")
    b = InputBox("输入 B", "计算三角形面积")
    c = InputBox("输入 C", "计算三角形面积")
    If a + b > c And b + c > a And c + a > b Then
        Call area(s, a, b, c)       '使用 Call 关键字,实际参数用括号括起来
        Print "三条边长为: "; a; b; c
        Print " 面积 ="; s
    Else
        err                         '不使用 Call 关键字调用 err 过程
    End If
End Sub
```

程序运行结果:当输入合理边长时显示结果如图 8.1 所示;当输入不合理的边长时出现消息框,如图 8.2 所示。

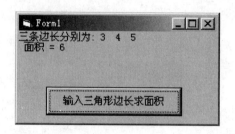

图 8.1　运行结果

图 8.2　运行结果

8.2　Function 过程

Function 过程又称函数过程或自定义函数，是通用过程的一种。函数的特点是有返回值。

8.2.1　函数的定义

格式：

[Private|Public|Static] Function <函数名>([形式参数表])[As 数据类型]
　　　函数语句
　　　[Exit Function]
End Function

说明：

（1）函数的定义与 Sub 过程类似。Exit Function 可以强制退出函数过程。

（2）函数过程有返回值，这个返回值依靠函数名传递。因此，函数名不仅可以标记函数，而且还用来传递函数的返回值。函数定义时需要有一个为函数名赋值的语句。

例如，定义一个数学函数 $f(x) = 3x^3 - 2x^2 + 6x - 1$。

```
Private Function f(x as integer) as integer
  f = 3 * x ^ 3 - 2 * x ^ 2 + 6 * x - 1
End Function
```

函数定义中，语句"f＝3＊x^3-2＊x^2+6＊x-1"表示将求得表达式的结果赋值给函数名 f，即调用函数时就可以将这个结果返回到调用语句。

8.2.2　函数的调用

格式：<函数名>([实际参数表])

说明：函数的调用格式同 VB 中内部函数的使用类似，例如，f(x)为已经定义的求 $3x^3 - 2x^2 + 6x - 1$ 的函数，则下列语句均为正确的调用形式。

```
a＝f(10)         '求 x 为 10 的表达式 3 * 10³ - 2 * 10² + 6 * 10 - 1 的值
b＝f(10)+f(20)   '求 x 分别为 10 和 20 的表达式的和
```

调用无参数函数时，括号不能省略。

Function 函数过程调用的程序运行流程与 Sub 过程相同：先执行主程序中的语句；遇到函数调用语句则执行自定义函数过程，自定义函数过程执行结束后返回主程序并带回函数值；最后执行主程序余下的语句。

8.2.3　函数过程的参数传递

1. 形参和实参

形式参数：在定义通用函数过程时，出现在 Function 语句中的变量，是接收传送子函数过程的变量，简称为形参。

实际参数：在调用 Function 函数过程时，传送给 Function 函数过程的常量、变量或表达式，简称为实参。

上述例题中的形参和实参如下表示。

```
Private Function f(x As Integer) As Integer
                                        '定义函数过程语句，x 为形式参数
    …
End Sub
a= f(10)                                '调用函数过程语句，10 为实际参数
```

2. 参数传递

当调用 Sub 过程时，调用语句中的实际参数就与定义过程语句中的形式参数在个数位置上一一对应起来，并以某种方式传递数据，这个过程称为参数传递。在未出现过程调用时，形参并不占存储单元，只有在发生过程调用时，形参才被分配存储单元。在调用结束后，形参所占的存储单元被释放。上述程序中定义的函数及其参数传递情况如下。

函数定义语句：

```
Private Function f(x As Integer) As Integer
    …
End Sub
```

函数调用语句：a＝f(10)，即实参 10 对应形参 x，且数据类型相同。

【例 8.2】　组合数的公式为 $C_m^n = \dfrac{m!}{n!(m-n)!}$，编写计算组合数的程序，m、n 的值分别从键盘输入。

算法设计：因为该公式需要 3 次计算阶乘，所以把计算 x!编成函数过程，然后在 Form_Click()事件中调用该函数过程 3 次即可。

```
Private Function fac(x As Integer) As Integer
    Dim i As Integer, s As Integer
    s = 1
    For i = 2 To x
      s = s * i
```

```
        Next i
        fac = s
    End Function
    Private Sub Form_Click()
        Dim m%, n%
        m = InputBox("输入 m 的值")
        n = InputBox("输入 n 的值")
        Print fac(m) / (fac(n) * fac(m - n))
    End Sub
```

若输入 n=5，m=3，则程序运行的结果为 10。

【例 8.3】　利用函数过程求大于 1500 的第一个素数。

算法设计：在循环内让 m 依次除以 2～m-1 之间的整数，如果遇到一个能整除 m 的数，可知 m 不是素数，即将 IsPrime 函数返回值设置为 False，并用 Exit Function 语句强制退出函数。如果一直除到 m-1 还没有遇到能整除 m 的数，即循环全部执行完并未提前退出，则证明 m 是素数，故将函数返回值 IsPrime 设置为 True。因此，可根据函数返回值 IsPrime 的真假来判断 m 是否为素数。

在 Form_Click 事件中，先计算出大于 1500 的第一个自然数，即 1501，通过调用函数 IsPrime 判断 1501 是否为素数，若是则找到大于 1500 的第一个素数，若函数 IsPrime 返回值为假则判断下一个自然数，直到函数 IsPrime 返回值为真，则求出大于 1500 的第一个素数。

```
    Function isprime(a As Integer) as Boolean
        For i = 2 To m - 1
            If m Mod i = 0 Then
                isprime = False
                Exit Function
            End If
        Next
        isprime = True
    End Function
    Private Sub Form_Click()
        Dim a%
        a=1500
        Do
            a=a+1
            If isprime(a) Then Exit Do
        Loop
        Print a
    End Sub
```

程序运行结果为 1511。

8.3　过　程　参　数

8.3.1　参数传递方式

在过程定义的参数表中出现的参数称为形式参数。在调用过程语句或表达式中出现的参数表称为实际参数。当调用过程时，调用语句中的实际参数就与定义过程语句中的形式参数在个数位置上一一对应起来，并以某种方式传递数据，这个过程称为参数传递。VB 中过程的参数传递有以下两种方式。

1. 按地址传递参数（ByRef）

在过程定义语句中，如果形式参数前用关键字 **ByRef** 标记或者省略标记，则按地址传递参数。按地址传递参数在 VB 中是缺省的。

按地址传递参数是将实际参数的地址赋值给形式参数，过程执行时，按内存变量地址去访问，即当形式参数改变的同时也改变实际参数的值。

2. 按值传递参数（ByVal）

如果形式参数前用关键字 **ByVal** 标记，则按值传递参数。过程执行时，传递的只是实际参数的副本，即对形式参数操作，不会影响到实际参数的本身。

参数传递的两种方式如图 8.3 所示，实参 a 与形参 x 若按值传递，则形参 x 得到的是实参 a 的值，形参 x 的变化不会影响实参 a，即参数的传递是单向的；若按地址传递，形参 x 得到的是实参 a 的地址，形参 x 的改变也会改变实参 a，即 a 的值最终变化为与 x 一致，也就是说，参数的传递是双向的。

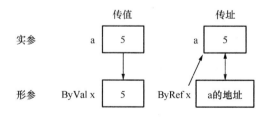

图 8.3　参数传递方式

【例 8.4】　测试按地址传递参数与按值传递参数的区别。

```
Private Sub test(ByVal x As Integer, ByRef y As Integer)
    x = x +20
    y = y * 10
    Print "过程执行时 x ="; x; "  y ="; y
End Sub
Private Sub Form_Click()
    Dim a As Integer, b As Integer
```

```
    a = 5: b = 10
    Print "过程调用前 a="; a; " b = "; b
    Call test(a, b)
    Print "过程调用后 a ="; a; " b ="; b
End Sub
```

由于通用过程 test 的形参 x 的前面有关键字 ByVal，这对形参 x 而言，是按值传递参数，即在过程中 x 的值变化并不影响实参 a 的值，而形参 y 的前面有关键字 ByRef，是按地址传递参数，所以 y 的变化要影响 b 的值。程序运行结果如图 8.4 所示。

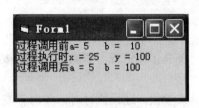

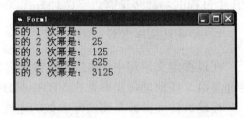

图 8.4　运行结果　　　　　　　　　　　图 8.5　运行结果

【例 8.5】　编写自定义函数，求 5 的 1～5 次幂并将结果输出到窗体上，结果如图 8.5 所示。

```
Private Function power(x!, ByVal y As Integer) As Single
    Dim result As Single
    result = 1
    Do While y > 0
        result = result * x
        y = y - 1
    Loop
    power = result
End Function
Private Sub Form_Click()
    For i = 1 To 5
        r = power(5, i)
        Print "5的"; i; "次幂是: "; r
    Next i
End Sub
```

函数的参数传递方式与过程的参数传递方式一致，但是，函数名本身就是一个能够传递数据的特殊参数。函数中的形参 y 按值传递，y 表示 5 的 n 次幂，y 的变化不会影响 i。

从两种传递参数方式的特点可以总结出：当需要保护实际参数时，应采取按值传递，以防止实际参数被过程改变；当需要获取过程中的操作结果时，应该使用按地址传递方式。

3. 传递数组参数

当用数组作为过程的参数时，用的是"传地址"方式，而不是"传值"方式，即不把数组的各元素值一一传递给过程，而是把数组的起始地址传给过程，使过程中的数组与作为实参的数组具有相同起始地址。用数组作为过程的参数时，可以在数组名的后面加上一对括号，以免与普通变量相混淆。

【例8.6】 编写程序，实现数组作为参数传递。

```
Sub P(b() As Integer)                        '数组b()被定义为形参
   For i = 1 To 4
      b(i) = 2 * i
   Next i
End Sub
Private Sub Form_Click()
   Dim a(1 To 4) As Integer
   a(1) = 5: a(2) = 6: a(3) = 7: a(4) = 8
   Call P(a())                               '调用过程p，以数组a()作为实参
   For i = 1 To 4
      Print a(i);
   Next i
End Sub
```

对数组参数的调用是按地址引用的，过程 P 的作用是将作为实际参数数组的元素重新赋值，因此输出结果为：2　4　6　8。

8.3.2　可选参数

在一般情况下，一个过程中的形式参数是固定的，调用时提供的实际参数也是固定的。在 VB 中，可以指定一个或多个参数作为可选参数。在调用时，可以有选择地传送不同的参数。

为了定义带可选参数的过程，必须在参数表中使用 Optional 关键字，并在过程体中通过 IsMissing 函数测试调用时是否传送可选参数。以下程序表示如果没有参数 z，则 n 为 x*y；如果有参数 z，则 n 为 x*y*z。

```
Sub multi(x%, y%, Optional z)
   n = x * y
   If Not IsMissing(z) Then
      n = n * z
   End If
   Print n
End Sub
```

上述过程有 3 个参数，前两个参数与普通过程中的书写格式相同，最后一个参数有关键字 Optional 指出，且没有指定数据类型，表明该参数是一个可选参数。

调用上面过程时，可以提供两个参数，也可以提供 3 个参数，都能得到正确结果。用下面的事件过程调用返回结果分别为 200 和 6000。

```
Private Sub Command1_Click()
    multi 10, 20
    Call multi(10, 20, 30)
End Sub
```

值得注意的是，过程中如果有可选参数，则该参数必须在参数列表中最后出现，其类型必须是 Variant；通过 IsMissing 函数测试是否向可选参数传送实参值。IsMissing 函数的返回值为 Boolean 类型。在调用过程时，如果没有向可选参数传送实参，则 IsMissing 函数的返回值为 True；否则，返回值为 False。

8.3.3　对象参数

1. 窗体参数

VB 中可以用数值、字符串、数组作为过程的参数，并可把这些类型的实参传送到过程，此外，还可以向过程传送对象，包括窗体和控件。

格式：

[Private|Public|Static] Sub<过程名>[(形式参数表)]

　　　　过程语句

　　　　[Exit Sub]

End Sub

说明：

（1）"形参表"中形参的类型通常为 Control 或 Form。

（2）对象只能通过传地址方式传送，因此不能在参数前加关键字 ByVal。

【例 8.7】　　以下程序将窗体作为过程参数。设一个工程由 2 个窗体组成，其名称分别为 Form1 和 Form2，在 Form1 上有 1 个名称为 Command1 的命令按钮。窗体 Form1 的程序代码如下。

```
Private Sub g(f As Form, x As Integer)
    y = IIf(x > 10, 100, -100)
    f.Show
    f.Caption = y
End Sub
Private Sub Command1_Click()
    Dim a As Integer
    a=10
    Call g(Form2,a)
End Sub
```

程序运行结果如图 8.6 所示，单击 form1 中的 Command1 按钮后显示 Form2，且 Form2 的 Caption 属性值为-100。

图 8.6 运行结果

2. 控件参数

和窗体参数一样，控件参数也能作为通用过程的参数，但控件参数的使用比窗体参数要复杂。因为不同的控件所具有的属性不同，所以在用指定的控件调用通用过程时，如果通用过程中的属性不属于控件，则会发生错误。

【例 8.8】 窗体上有名称分别为 Text1、Text2 的 2 个文本框，下列程序能实现文本框 Text1 中输入的数据小于 500，文本框 Text2 中输入的数据小于 1000，否则重新输入。

```
Sub CheckInput(t As control, x As Integer)
    If Val(t.Text) > x Then
        MsgBox "请重新输入!"
    End If
End Sub
Private Sub Text1_LostFocus()
    Call CheckInput(Text1, 500)
End Sub
Private Sub Text2_LostFocus()
    Call CheckInput(Text2, 1000)
End Sub
```

自定义过程 CheckInput 中形式参数 t 的类型可以为 control，也可以是具体控件的类型，此例中如果将形参表中定义为 t As TextBox，则表示将 t 定义为文本框类型。

8.4 多窗体程序设计

在编写 VB 程序时，经常需要创建多个窗体，窗体之间存在着调用关系。本节将通过实例说明怎样在程序中组织多个窗体。

8.4.1 考试系统登录界面

【例 8.9】 利用多窗体编写考试系统登录界面程序。

项目说明：该项目用于考试系统登录过程，共包含 3 个窗体："登录"窗体、"答题"窗体和"提示"窗体。

程序运行时，首先出现 Form1（"登录"窗体），输入准考证号和姓名，单击"开始登录"命令按钮，如果输入正确，则 Form1 卸载，Form2（"答题"窗体）显示；如果输入不正确，则 Form3（"提示"窗体）以模式窗体显示，即只能对该窗体操作，在关闭该窗体之前不能操作其他窗体。单击"退出考试"命令按钮，结束程序运行。

Form2（"答题"窗体）出现时，如果单击"返回登录"命令按钮，则 Form2 卸载，Form1（"登录"窗体）显示；如果单击"▨"命令按钮，结束程序运行。

Form3（"提示"窗体）出现时，如果单击"重新输入"命令按钮，则 Form3 卸载；如果单击"退出考试"命令按钮，结束程序运行。

项目设计：

（1）创建界面。新建工程，系统自动创建窗体 Form1。再添加 2 个窗体，分别为 Form2 和 Form3，在工程资源管理器中显示如图 8.7 所示。分别向每个窗体添加相应的控件。

（2）设置属性。窗体、标签和命令按钮的 Caption 属性设置参考图 8.8～图 8.10。文本框的 Text 属性为空。其他属性设置如表 8.1 所示。

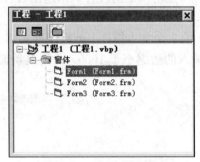

图 8.7 多窗体管理

图 8.8 "登录"窗体

图 8.9 "答题"窗体

图 8.10 "提示"窗体

表 8.1 属性设置

所属窗体	对　象	属　性	属　性　值
Form1	Form1	Picture	自选图片
	Label1	BackStyle	0-Transpare
	Label2	BackStyle	0-Transpare
	Label3	BackStyle	0-Transpare
	Command1	Default	True
	Command2	Cancel	True
Form3	Command1	Default	True
	Command2	Cancel	True

（3）编写代码。

Form1 代码：

```
Private Sub Command1_Click()
    If Text1.Text = "1234" And Text2.Text = "abcd" Then
        Unload Me
        Form2.Show
    Else
        Form3.Show 1        'Form3 显示为模式窗体
    End If
End Sub
Private Sub Command2_Click()
    End
End Sub
Private Sub Form_Activate()
    Text1.SetFocus
End Sub
```

Form2 代码：

```
Private Sub Command4_Click()
    Unload Me
    Form1.Show
End Sub
```

Form3 代码：

```
Private Sub Command1_Click()
    Unload Me
    Form1.Text1.Text = ""
    Form1.Text2.Text = ""
End Sub
Private Sub Command2_Click()
    End
End Sub
```

注意：多窗体程序保存时会连续弹出多个保存对话框，用于保存所有窗体及一个工程文件，这些文件必须保存在相同路径下。另外，打开程序时必须从工程文件打开。

8.4.2　窗体的建立和移除

1. 窗体的建立

新建一个 VB 工程时，工程中只有一个窗体，默认名称为 Form1。
如果想要添加新的窗体，可使用以下方法。

（1）鼠标右键单击"工程资源管理器"的空白区域。

（2）在弹出的菜单中选择"添加 | 添加窗体"命令。

（3）在弹出的"添加窗体"对话框中，选择"新建"选项卡。

（4）选择想要添加的窗体类型后，单击"打开"按钮。

此时，在工程资源管理器窗口中可以看到新建的窗体，如图 8.8～图 8.10 显示的 3 个窗体。

也可以在"添加窗体"对话框中选择"现存"选项卡，然后添加一个已经存在的窗体文件。

2. 窗体的移除

如果要移除窗体（如 Form1），方法如下。

（1）右键单击"工程资源管理器"窗口中的 Form1。

（2）然后在弹出的菜单中选择"移除 Form1"命令。

此时，窗体 Form1 被移出工程，但它并没有被删除，仍保存在原来的文件夹里。

新添加进来的窗体在程序中还不能直接使用。必须利用代码来调用每个窗体，一般一个窗体的调用要经历 5 个过程：加载—显示—使用—隐藏—卸载。

8.4.3　窗体的加载

将窗体加载到内存使用 Load 方法。

格式：Load [对象名]

功能：将窗体加载到内存。

说明：Load 方法只是把窗体加载到内存里，并不显示。若想显示窗体，应再使用 Show 命令。例如，

```
Load Form2          '加载 Form2
Form2.Show          '显示 Form2
```

8.4.4　窗体的显示

程序运行时第一个显示的窗体被称为启动窗体。启动窗体的显示是自动的，而其他窗体必须通过窗体的显示方法 Show 来显示。设置启动窗体的方法如下。

（1）选择 "工程 | 工程属性"命令。

（2）在弹出的"工程属性"对话框中，选择"通用"标签。

（3）在此标签的"启动对象"下拉列表框中，选择一个窗体作为启动窗体，单击"确定"按钮。

格式：

```
[对象名].Show    或 [对象名].show 0        '显示为无模式窗体
[对象名].Visible = True                   '显示为无模式窗体
[对象名].Show 1                           '显示为模式窗体
```

功能：加载并显示窗体。

说明：

（1）如果调用 Show 方法时，指定的窗体还没有加载，则 VB 会自动加载该窗体。

（2）显示的窗体分为两种：无模式窗体和模式窗体。具体区别为：当显示模式窗体时，不能对其他窗体进行操作，显示窗体命令之后的代码直到该窗体被隐藏或卸载时才能执行；而显示无模式窗体时，可以同时对其他窗体进行任何操作，并继续执行显示窗体命令之后的代码。

例如，在例 8.9 中显示 Form3 的代码为：

```
Form3.Show 1
```

Form3 被显示为模式窗体，即只有单击窗体上命令按钮将其卸载以后才可以进行其他操作。

8.4.5　窗体的隐藏

隐藏窗体利用 Hide 方法。

格式：[对象名].Hide　　或　　[对象名].Visible = False

说明：使用 Hide 方法隐藏窗体时，窗体从屏幕上消失，同时窗体的 Visible 属性自动设置为 False。当 Visible 属性重新设置为 True 时，窗体会重新显示出来。使用 Hide 方法只能隐藏窗体，不能将窗体卸载。如果调用 Hide 方法时该窗体还没有加载，那么 Hide 方法会自动加载该窗体，但并不予以显示。例如，

```
Form1.Hide                    '隐藏 Form1
```

8.4.6　窗体的卸载

卸载窗体用 Unload 方法。

格式：Unload [对象名]

功能：隐藏窗体同时将窗体从内存中卸载。例如，

```
Unload Form1                  '卸载 Form1
Unload Me                     '卸载当前窗体
```

8.4.7　Sub Main 过程

在一个含有多个窗体或多个工程的应用程序中，有时候需要一个独立的事件过程，对这些窗体进行初始化，这就需要在启动程序时首先执行这个特定的过程。在 VB 中，这样的过程称为启动过程，并命名为 Sub Main。

Sub Main 过程要在标准模块中建立。添加标准模块的方法是：打开"工程"菜单中的"添加模块"，选择"新建"选项卡中的"模块"，单击"打开"按钮，进入代码窗口，在该窗口中输入 Sub Main()后按 Enter 键，则在代码编辑窗口将自动产生 Sub Main 过程的开头和结束语句。

```
Sub Main()
    …
```

```
      End Sub
```
随后即可在两条语句之间编辑该过程中的程序代码。

　　VB 并不自动把 Sub Main 过程作为启动过程，必须通过相应的设置把它作为启动过程，方法与设置启动窗体类似。如果把 Sub Main 指定为启动过程，则该过程就先于所有窗体模块而首先被执行。因此，在 Sub Main 过程中常用来设定初始化条件，并可以在 Sub Main 过程中指定其他过程的执行顺序。

　　例如，将例 8.9 的 Form2 设置为启动窗体，可以在 Sub Main 过程中添加代码：

```
      Sub Main()
          Form2.Show
      End sub
```

　　选择"工程|工程属性"命令，选择"通用"选项卡，在"启动对象"列表框中选择"Sub Main"。这样，程序运行时先启动 Sub Main 过程，通过执行 Sub Main 过程的代码来显示 Form2。

　　总的来说，Sub Main 过程有如下特点。

● 每个工程中只能有一个 Sub Main 过程。
● Sub Main 过程可以被设置为工程的启动对象。
● Sub Main 过程只能在标准模块中定义。

8.4.8　多重窗体程序应该注意的问题

　　（1）使用多重窗体可以把复杂的问题按窗体划分为相对简单的问题。但是，窗体的数量应适当，过多地使用窗体，会降低程序的运行效率。

　　（2）一般情况下，屏幕上同一时间只显示一个窗体，即当前窗体。其他窗体或被隐藏，或被卸载。注意：被隐藏的窗体虽然在屏幕上不可见，但其有关信息仍驻留在内存中，占用系统的资源。因此，应及时卸载不再使用的窗体，以释放其所占用的资源。

　　（3）在程序代码中，对当前窗体中的控件进行引用时，可以直接使用控件名对控件进行访问。而引用其他窗体上的控件时，应在控件名前写明该控件所在的窗体的名称，以免产生二义性，如例 8.9 中，在 Form3 中设置 Form1 本框的 Text 属性，代码为：

```
      Form1Text1.Text = ""
      Form1.Text2.Text = ""
```

　　（4）关键字"Me"代表代码所在的窗体，在例 8.9 中窗体模块 Form1 的程序代码中，要卸载 Form1，可以使用语句：Unload Form1 或 Unload Me。

8.5　变量的作用范围

　　VB 应用程序包括 3 种模块，即窗体模块、标准模块和类模块。VB 应用程序通常由窗体模块和标准模块组成。窗体模块包括声明部分、事件过程和通用过程；标准模块包括声明部分和通用过程。VB 应用程序的构成如图 8.11 所示。

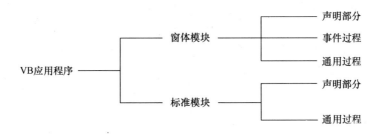

图 8.11　VB 应用程序的构成

变量的作用范围即变量使用的有效区域称为作用域。在 VB 中，按作用范围的不同将变量分为 3 类：局部变量、模块变量和全局变量。

8.5.1　局部变量

在事件过程或通用过程中，用关键字 Dim 或 Static 声明的变量，或隐式声明的变量，就是局部变量。局部变量的作用范围是所定义的过程内部。

【例 8.10】　局部变量举例，如图 8.12 所示。

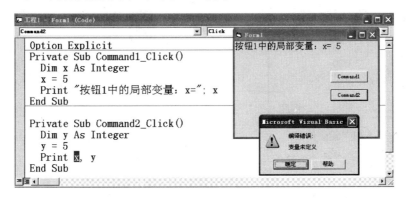

图 8.12　局部变量举例

在 Command1 Click()和 Command2_Click()事件过程中分别声明的两个变量 x、y 都是局部变量，每个变量只在相应过程内部有效，若在 Command2_Click()中使用变量 x，则系统提示出错，如图 8.12 所示。

【例 8.11】　有如下一段程序，应用变量 n 记录单击窗体的次数。

```
Private Sub Form_Click()
    Dim n As Integer
    n = n + 1
    Print "已单击次数："; n; "次"
End Sub
```

程序运行多次后单击窗体的输出如图 8.13 所示，结果总是"已单击次数 1 次"，因为变量 n 由 Dim 声明为动态变量，每次单击窗体时变量 n 都重新初始化为 0，因此输出结果总是"1 次"。若想实现统计单击窗体次数，应将 Dim n As Integer 改为 Static n As

Integer，即将 n 声明为静态变量，保留上次操作的结果。

Dim 与 Static 的区别：用 Static 声明的局部变量的值一直存在，这种变量称为静态变量；而用 Dim 声明的局部变量的值只在过程执行期间才存在，过程执行完毕，变量的值就被释放。也就是说，当过程再次被执行时，Static 定义的变量值为上一次运行的结果，而 Dim 定义的变量值为初始值。

【例 8.12】　测试 Dim 与 Static 的区别。

```
Private Sub Command1_Click()
    Dim x As Integer
    Static y As Single
    x = x + 2
    y = y + 2
    Print "x=";x,"y=";y
End Sub
```

每单击一次命令按钮，x 的值都是初始值 0 加 2，而 y 的值却是上一次运行结果加 2，如图 8.14 所示。这就是 Dim 和 Static 的区别，应按其各自的特点在不同情况下使用。

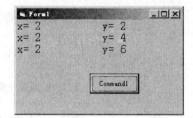

图 8.13　输出结果　　　　　　　图 8.14　3 次单击命令按钮后程序运行结果

8.5.2　模块变量

在模块的声明段中，用关键字 Dim 或 Private 声明的变量就是模块变量。模块变量的作用范围是所在模块的所有过程。

Dim 与 Private 没有区别，但使用 Private 更好一些，因为便于区分局部变量，从而增加代码的可读性。

【例 8.13】　模块变量举例，程序及运行结果如图 8.15 所示。

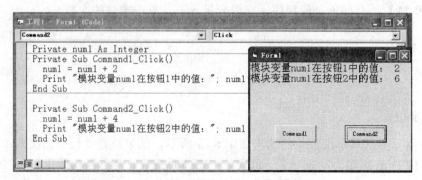

图 8.15　模块变量举例

在窗体模块 Form1 的通用声明段中声明的变量 num1 是模块变量，对下面两个按钮单击事件过程都有效，每次运行事件过程都会更新变量的值，直到该模块运行完毕变量的值才被释放。

8.5.3　全局变量

在标准模块的声明段中，用关键字 Public 或 Global 声明的变量就是全局变量。全局变量的作用范围是整个工程的所有过程。

3 种变量的区别如表 8.2 所示。

表 8.2　3 种变量作用范围对照表

名称	作用范围	声明位置	使用语句
局部变量	过程内部	过程中	Dim 或 Static
模块变量	窗体模块或标准模块	模块的声明部分	Dim 或 Private
全局变量	整个工程	标准模块的声明部分	Public 或 Global

定义变量的作用范围及简单说明如下。

在标准模块 Module1 中定义的语句：

```
Public x As integer              '全局变量 x 可以在每个模块、每个过程中使用
```

在窗体模块 Form1 中定义的语句：

```
Dim y As string                  '模块变量 y 在以下两个过程中都可以使用
Sub Form_Click()
    Dim a%, b!                   '局部变量 a，b 只能在窗体单击过程中使用
End Sub
Sub Command1_Click()
    Static m%, n#                '局部变量 m，n 只能在按钮单击过程中使用
End Sub
```

8.5.4　符号常量作用范围

符号常量定义以后，在程序中就可以用常量名代替常量的值。例如，可以用 Pi 代替 3.1415926，但是这种替代是有范围的。有效范围由常量定义语句的位置决定，有以下 3 种情况。

（1）如果在一个过程内部声明一个符号常量，则该符号常量只在该过程中有效。

（2）如果在一个模块的声明段中声明一个符号常量，则该符号常量只在该模块的所有过程中有效。

（3）如果在标准模块的声明段中声明一个符号常量，并在 Const 前面加上 Public 关键字，则该符号常量在整个过程中都有效。

【例 8.14】　检测符号常量的作用范围。程序代码及运行结果如图 8.16 所示。

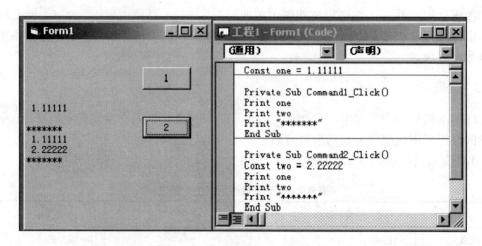

图 8.16　程序代码及运行结果

从图中可以看到符号常量 one 是在模块的声明段中声明的，在两个过程中都有效，而符号常量 two 是在 Command2_Click()过程内部声明的，仅在该过程内部有效，所以在 Command1_Click()过程中 Print two 语句没有结果。

8.6　Shell 函数

在 VB 中，不但可以调用通用过程，还可以调用各种应用程序，即在 Windows 下运行的应用程序，基本上都可以在 VB 中调用。这一功能通过 Shell 函数来实现。

格式：Shell(命令字符串[，窗口类型])

说明：

（1）"命令字符串"是要执行的应用程序的文件名（包括路径）。必须是可执行文件，其扩展名为.COM、.EXE、.BAT 或.PIF，其他文件不能用 Shell 函数执行。

（2）"窗口类型"是执行应用程序时的窗口大小包括隐藏、最大化、最小化、原来大小等 6 种状态，缺省则表示窗口最小化为图标。

（3）Shell 函数调用某个应用程序并成功执行后返回一个任务标识，即 Windows 管理的程序的进程号。

（4）Shell 函数是以异步方式来执行其他程序。也就是说，用 Shell 启动的应用程序可能还没有执行完，就已经执行 Shell 函数之后的语句。

例如，在 VB 中单击窗体可以运行计算器及命令窗口可执行文件。

```
Private Sub Form_Click()
    i = Shell("C:\WINDOWS\system32\calc.exe")
    j = Shell("C:\WINDOWS\system32\c:\command.com", 1)    '窗口原来大小
End Sub
```

8.7 事 件 过 程

事件过程代码的编写和调用与通用过程完全一样，但它是一种特殊的过程，其特殊性表现在以下几点。

（1）事件过程是与事件相联系的，也就是说，每一个事件都由系统规定了一套特定的事件过程。

（2）事件过程的名称是由系统规定的。

格式：<对象名>_<事件名>([参数表])

例如，

单击窗体事件名为：

```
Form_Click()
```

单击命令按钮事件名为：

```
Command1_Click()
```

（3）事件过程的参数也是由系统规定的，其参数的个数、参数的名称以及每个参数的类型都由系统事先规定。

（4）事件过程可以像通用过程一样，可以被其他过程调用，但事件过程与通用过程最大区别是事件过程是由事件驱动的。例如，单击窗体，就调用事件过程 Form_Click()；单击命令按钮 Command1，就调用事件过程 Command1_Click()。

本 章 小 结

本章介绍了程序设计的自定义过程及自定义函数的应用，多窗体及变量的作用范围。复杂的程序可以将其按功能定义为过程，使程序更容易设计、编写和调试。VB 中的过程包括通用过程、函数过程和事件过程，根据变量作用范围的不同分为 3 类：局部变量、模块变量和全局变量。熟练掌握自定义过程及自定义函数过程的使用是本章的重点。

习 题

一、思考题

1. 调用 Sub 过程有几种方法，分别是什么？
2. 定义自定义函数与 Sub 过程的区别是什么？
3. 调用自定义函数与 Sub 过程的区别是什么？
4. 参数传递有几种方式，分别是什么？
5. 将某个窗体设置为启动窗体的方法是什么？
6. 在 VB 中，按作用范围的不同将变量分为几类，分别是什么？
7. Dim 与 Static 的区别是什么？

二、选择题

1. 下面关于标准模块的叙述中错误的是_____。
   A. 标准模块中可以声明全局变量
   B. 标准模块中可以包含一个 Sub Main 过程，但此过程不能被设置为启动过程
   C. 标准模块中可以包含一些 Public 过程
   D. 一个工程中可以含有多个标准模块

2. 下面是求最大公约数的函数的首部：

```
Function gcd(ByVal x As Integer, ByVal y As Integer) As Integer
```

若要输出 8、12、16 这 3 个数的最大公约数，下面正确的语句是_____。
   A. Print gcd(8,12)，gcd(12,16)，gcd(16,8)
   B. Print gcd(8,12,16)
   C. Print gcd(8)，gcd(12)，gcd(16)
   D. Print gcd(8,gcd(12,16))

3. 窗体上有 1 个 Text1 文本框，1 个 Command1 命令按钮，并有以下程序：

```
Private Sub Command1_Click()
    Dim n
    If Text1.Text<>"23456" Then
        n=n+1
        Print "口令输入错误"& n & "次"
    End If
End Sub
```

希望程序运行时得到图 8.17 所示的效果，即输入口令，单击"确认口令"命令按钮，若输入的口令不是"123456"，则在窗体上显示输入错误口令的次数。但上面的程序实际显示的是图 8.18 所示的效果，程序需要修改。下面修改方案中正确的是_____。
   A. 在 Dim n 语句的下面添加一句：n=0
   B. 把 Print "口令输入错误" & n & "次"改为 Print "口令输入错误" +n+"次"
   C. 把 Print "口令输入错误" & n & "次"改为 Print "口令输入错误"&Str(n)&"次"
   D. 把 Dim n 改为 Static n

图 8.17　目标运行结果

图 8.18　实际运行结果

4. 以下关于局部变量的叙述中错误的是_____。

 A. 在过程中用 Dim 语句或 Static 语句声明的变量是局部变量

 B. 局部变量的作用域是它所在的过程

 C. 在过程中用 Static 语句声明的变量是静态局部变量

 D. 过程执行完毕，该过程中用 Dim 或 Static 语句声明的变量即被释放

5. Fibonacci 数列的规律是：前 2 个数为 1，从第 3 个数开始，每个数是它前 2 个数之和，即 1，1，2，3，5，8，13，21，34，55，89，…。某人编写了下面的函数，判断大于 1 的整数 x 是否是 Fibonacci 数列中的某个数。若是，则返回 True；否则，返回 False。

```
Function Isfab(x As Integer)As Boolean
    Dim a As Integer, b As Integer, c As Integer, flag As Boolean
    flag=False
    a=1: b=1
    Do While x<b
      c=a+b
      a=b
      b=c
      If x=b Then flag=True
    Loop
    Isfab=flag
End Function
```

测试时发现对于所有正整数 x，函数都返回 False，程序需要修改。下面的修改方案中正确的是_____。

 A. 把 a= b 与 b=c 的位置互换

 B. 把 c=a+b 移到 b=c 之后

 C. 把 Do While x<b 改为 Do While x>b

 D. 把 if x=b Then　flag=True 改为 If x=a Then　flag=True

6. 下面函数的功能应该是：删除字符串 str 中所有与变量 ch 相同的字符，并返回删除后的结果。例如，若 str= "ABCDABCD", ch= "B"，则函数的返回值为："ACDACD"。

```
Function delchar(str As String, ch As String)As String
    Dim k As Integer, temp As String, ret As String
    ret=""
    For k=1 To Len(str)
      temp=Mid(str,k,1)
      If temp= ch Then
         ret=ret&temp
      End If
    Next k
    delchar=ret
End Function
```

但实际上函数有错误，需要修改。下面的修改方案中正确的是＿＿＿＿＿。

 A．把 ret=ret＆temp 改为 ret=temp

 B．把 If temp=ch Then 改为 If temp◇ch Then

 C．把 delchar=ret 改为 delchar=temp

 D．把 ret =""改为 temp=""

7．设有以下函数过程：

```
Private Function Fun(a()As Integer As String)As Integer
    ...
End Function
```

若已有变量声明：

```
Dim x(5)As Integer,n As Integer,ch As String
```

则下面正确的过程调用语句是＿＿＿＿＿。

 A．x(0)=Fun(x, "ch")   B．n=Fun(n,ch)

 C．Call Fun x, "ch"   D．n=Fun(x(5),ch)

8．窗体上有一个名为 Command1 的命令按钮，并有如下程序：

```
Private Sub Command1_Click()
    Dim a As Integer, b As Integer
    a = 8
    b = 12
    Print Fun(a, b); a; b
End Sub
Private Function Fun(ByVal a As Integer, b As Integer) As Integer
    a = a Mod 5
    b = b \ 5
    Fun = a
End Function
```

程序运行时，单击命令按钮，则输出结果是＿＿＿＿＿。

 A．3　3　2   B．3　8　2

 C．8　8　12   D．3　8　12

9．以下程序运行后的窗体如图 8.19 所示。其中，组合框的名称是 Combo1，已有列表项如图 8.19 所示；命令按钮的名称是 Command1。

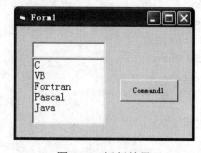

图 8.19　运行结果

```
Private Sub Command1_Click()
    If Not check(Combo1.Text) Then
        MsgBox ("输入错误")
        Exit Sub
    End If
    For k = 0 To Combo1.ListCount - 1
        If Combo1.Text = Combo1.List(k) Then
            MsgBox ("添加项目失败")
            Exit Sub
        End If
    Next k
    Combo1.AddItem Combo1.Text
    MsgBox ("添加项目成功")
End Sub
Private Function Check(ch As String) As Boolean
    n = Len(ch)
    For k = 1 To n
        c$ = UCase(Mid(ch, k, 1))
        If c < "A" Or c > "Z" Then
            Check = False
            Exit Function
        End If
    Next k
    Check = True
End Function
```

程序运行时，如果在组合框的编辑区中输入 "Java"，则单击命令按钮后产生的结果是_____。

A．显示 "输入错误"　　　　　B．显示 "添加项目失败"

C．显示 "添加项目成功"　　　　D．没有任何显示

三、填空题

1. 在窗体上画 1 个名称为 Command1 的命令按钮，然后编写如下程序：

```
Option Base 1
Private Sub Command1_Click()
    Dim a(10) As Integer
    For i=1 To 10
        a(i)=i
    Next
    Call swap (__[1]__)
    For i=1 To 10
        Print a(i);
    Next
```

```
    End Sub
    Sub swap(b() As Integer)
      n=Ubound(b)
      For i=1 To n / 2
         t=b(i)
         b(i)=b(n)
         b(n)=t
          [2]
      Next
    End Sub
```

　　上述程序的功能是，通过调用过程 swap，调换数组中数值的存放位置，即 a(1)与 a(10) 的值互换，a(2)与 a(9)的值互换……请填空。

　　2. 窗体上有 1 个名称为 Text1 的文本框和 1 个名称为 Command1、标题为"计算" 的命令按钮。函数 fun 及命令按钮的单击事件过程如下，请填空。

```
    Private Sub Command1_Click()
        Dim x As Integer
        x=Val(InputBox("输入数据"))
        Text1=Str(fun(x)+fun(x)+fun(x))
    End Sub
    Private Function fun(ByRef n As Integer)
        If n Mod 3=0 Then
           n=n+n
        Else
           n=n*n
        End If
         [3]  =n
    End Function
```

　　当单击命令按钮，在输入对话框中输入 2 时，文本框中显示的是 [4] 。

　　3. 在窗体上有 1 个名称为 Command1 的命令按钮，并有如下事件过程和函数过程。

```
    Private Sub Command1_Click()
       Dim p As Integer
       p = m(1) + m(2) + m(3)
       Print p
    End Sub
    Private Function m(n As Integer) As Integer
       Static s As Integer
       For k = 1 To n
         s = s + 1
       Next
       m = s
    End Function
```

　　运行程序，单击命令按钮 Command1 后的输出结果为 [5] 。

第9章 图形操作

学习目标与要求：

- 掌握各种图形属性的含义。
- 掌握主要图形控件的属性、用法。
- 掌握主要图形方法的应用。

9.1 图形操作基础

9.1.1 坐标系统

为了定位不同对象所处的位置，VB 引入了坐标系统。每个容器控件都具有自己的坐标系统，并且坐标的作用范围只限定在该容器的工作区内。对于窗体而言，它的工作区是除去标题栏和边框的剩余区域。对于图片框，它的工作区是除去边框的剩余区域。

与坐标系有关的属性主要如下。

ScaleWidth 属性和 ScaleHeight 属性，设置容器工作区在坐标系中的宽度和高度。

ScaleLeft 属性和 ScaleTop 属性，设置容器工作区左上角在坐标系中的横纵坐标值。

坐标系缺省情况下为系统坐标系，系统坐标系规定容器工作区的左上角为坐标原点，横向向右为 X 轴正向，纵向向下为 Y 轴正向。在系统坐标系中可以选择 8 种坐标刻度单位，但无论选择哪种单位，都不会改变工作区的实际大小，只是改变工作区在坐标系中的宽度（ScaleWidth）和高度（ScaleHeight）。窗体的系统坐标系如图 9.1 所示。

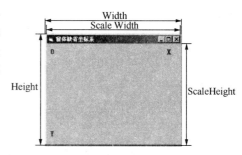

图 9.1 窗体坐标系

坐标刻度单位由容器对象的 ScaleMode 属性决定，其属性设置如表 9.1 所示。当其缺省时，坐标刻度单位为 Twip（1440 个 Twip 为 1 英寸，20 个 Twip 为 1 磅）。

表 9.1 ScaleMode 属性设置

ScaleMode 属性值	坐标刻度单位
0	用户定义（User）
1	Twip（缺省值）
2	磅（Point，每英寸 72 磅）
3	像素（pixed，与显示器分辨率有关）
4	字符（缺省为高 12 磅，宽 20 磅的单位）
5	英寸（inch）
6	毫米（millimeter）
7	厘米（centimeter）

9.1.2　颜色的表示

在控件中设置前景色（ForeColor 属性）、背景色（BackColor 属性）、绘制图形或显示文本的时候，均需要使用 VB 的颜色值。在 VB 中，表示不同颜色值的方法有 4 种。

1. 十六进制

颜色值可以用一个 6 位的十六进制数表示，这个数从左到右，每两位一组代表一种元色，它们的顺序是蓝绿红。例如，&H000000 表示黑色、&H0000FF 表示红色、&H00FF00 表示绿色。其中，&H 是十六进制数的前导符，表示后面是一组十六进制数。

例如，语句 Form1.BackColor=&H0000FF 是将窗体的背景色设置为红色。

2. RGB 函数

RGB 函数返回一个长整型（Long）整数，用来表示一个颜色值。RGB 函数通过指定红、绿、蓝三元色的相对亮度，生成一个用于显示的特定颜色。其语法如下。

RGB（red，green，blue）

说明：

red 必选参数，0～255 间的整数，代表颜色中的红色成分。

green 必选参数，0～255 间的整数，代表颜色中的绿色成分。

blue 必选参数，0～255 间的整数，代表颜色中的蓝色成分。

表 9.2 给出了一些常见的标准颜色。

表 9.2　RGB 函数表示的常见颜色

颜色	red	green	blue
黑色	0	0	0
蓝色	0	0	255
绿色	0	255	0
红色	255	0	0
黄色	255	255	0
白色	255	255	255

例如，语句 Form1.BackColor = RGB(255, 0, 0)是将窗体的背景色设置为红色。

3. QBColor 函数

QBColor 函数返回一个长整型（Long）数，用来表示对应颜色的 RGB 颜色码，其语法如下。

QBColor（color）

说明：Color 是必选参数，是介于 0～15 之间的整数，代表 16 种基本颜色。

例如，QBcolor(0)返回黑色，QBcolor(9)返回蓝色，QBColor(12)返回红色。又如，语句 Form1.BackColor = QBColor(12) 是将窗体的背景色设置为红色。

4. 颜色常量

在程序代码中还可以使用颜色常量来表示几种常用的颜色值，如 vbBlack 代表黑色，vbRed 代表红色等。例如，Form1.BackColor=vbGreen 是将窗体的背景色设置为绿色。

9.2 图 形 控 件

VB 中和图形有关的控件主要有 4 种，它们是线（Line）、形状（Shape）、图片框（PictureBox）和图像框（Image）。利用线和形状控件可以直接显示各种基本图形，包括圆、椭圆、矩形、直线等。图片框和图像框可以显示 Bmp、Ico、Jpg 等各种格式的图形文件。

9.2.1 图片框

图片框控件（PictureBox）的主要作用是显示图片和绘制图形，同时，图片框控件是容器类控件，可作为其他控件的容器，同时还支持 Print、Cls、Line 和 Circle 等方法。

1. 常用属性

（1）Picture 属性。该属性用于将图片显示到图片框。该属性可以在设计阶段的属性窗口中进行设置，也可以在程序中用 LoadPicture 函数设置。相关使用方法请参见 2.5.1 节窗体的 Picture 属性的说明。

（2）Autosize 属性。该属性值为逻辑型，决定是否允许图片框自动调整尺寸，以适应图片的原始尺寸。True 表示允许，False 表示不允许。

将 Autosize 属性设置为 False 时，图片框不能自动改变大小来适应图片的原始尺寸，这意味着如果图片比图片框大，则在图片框中只能显示图片的一部分。

2. 常用方法

图片框支持 Print、Circle、Line、Point 和 Pset 等绘图方法。

3. 常用事件

图片框可以响应 Click、DblClick、键盘和鼠标等事件，但在实际应用中很少对其编写事件过程，图片框的主要功能是显示图片。

【例 9.1】　设计利用 Picture 属性，实现显示图片、删除图片和交换图片的程序。

项目说明：程序运行结果如图 9.2 所示。程序运行后，2 个图片框中显示 2 幅不同的图片，单击"交换图片"按钮，2 幅图片交换显示。单击"删除图片"按钮，2 幅图片都被从图片框中删除；单击"显示图片"按钮，则 2 幅图片又恢复显示。

项目分析：要实现 2 幅图片交换，实际上就是实现 2 个图片框 Picture1 和 Picture2 的 Picture 属性值的交换，这就类似于交换 2 个变量的值，需要引入第 3 个中间量。在这里引入 1 个空的图片框控件，用来暂时存放图片。为了不影响程序的运行效果，此图片框应设置为不可见。

图 9.2　程序运行结果

项目设计：

（1）创建界面。在窗体中添加 3 个图片框、3 个命令按钮。

（2）设置属性。各对象的属性设置如表 9.3 所示。

表 9.3　例 9.1 属性设置

对象	属性	属性值
Picture1	Autosize	True
Picture2	Autosize	True
Picture3	Autosize	True
	Visible	False
Command1	Caption	显示图片
Command2	Caption	交换图片
Command3	Caption	删除图片

（3）编写代码：

```
Private Sub Command1_Click()
    Picture1.Picture = LoadPicture("dog.jpg")
    Picture2.Picture = LoadPicture("tree.jpg")
End Sub
Private Sub Command2_Click()
    Picture3.Picture = Picture1.Picture
    Picture1.Picture = Picture2.Picture
    Picture2.Picture = Picture3.Picture
End Sub
Private Sub Command3_Click()
    Picture1.Picture = LoadPicture("")
    Picture2.Picture = LoadPicture("")
End Sub
```

说明：只有当图片文件的存放位置与工程所在路径相同时，才可以使用下面的语句加载图片。

```
Picture1.Picture = LoadPicture("dog.jpg")
Picture2.Picture = LoadPicture("tree.jpg")
```

在这种情况下，也可以将语句改为：

```
Picture1.Picture = LoadPicture(App.Path + "\dog.jpg")
Picture2.Picture = LoadPicture(App.Path + "\tree.jpg")
```

其中，App.Path 返回工程所在的路径字符串。详见 12.1.6 节。

9.2.2 图像框

图像框控件（Image）可以用来显示图片，但不能作为其他控件的容器，也不接受 Print、Cls、Line 和 Circle 等方法。也就是说，不能在图像框上显示文本和绘制图形。与图片框（PictureBox）相比，图像框显示图片时占用更少的内存，显示图片的速度更快。

1. 常用属性

（1）Picture 属性。该属性用于将图片显示到图像框。该属性可以在设计阶段的属性窗口中进行设置，也可以在程序中用 LoadPicture 函数设置。相关使用方法请参见 3.2.1 节窗体的 Picture 属性的说明。

（2）Stretch 属性。该属性值为逻辑型，决定是否允许图片自动调整尺寸，以适应图像框的尺寸。True 表示允许，False 表示不允许。

Stretch 属性与图片框（PictureBox）的 AutoSize 属性不同。AutoSize 属性用来调整图片框的大小以适应图片大小，Stretch 属性则用来调整图片以适应图像框的大小，如图 9.3 所示。

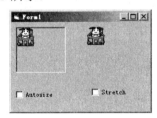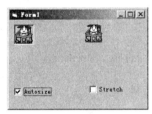

图 9.3 AutoSize 和 Stretch 属性的比较

2. 常用事件

图像框可以响应 Click、DblClick 和鼠标等事件，和图片框一样，在实际应用中也很少对其编写事件过程。

9.2.3 线和形状

如果要在容器控件中显示基本图形，如直线或矩形等，可以通过线（Line）控件或形状（Shape）控件来实现。在容器控件中添加线或形状后，设置它们的相应属性值就可以使其显示为不同的直线或形状。需要注意的是，这里的容器控件可以是窗体、框架和图片框。

1. 线控件

线控件（Line）可以用来显示直线，其常用属性如下。

（1）BorderStyle：线型样式，它有 7 种取值，分别对应 7 种线型，如表 9.4 所示。

表 9.4　BorderStyle 属性取值及对应样式

BorderStyle 属性值	线段或边框线的样式
0—Transparent	透明（即不显示）
1—Solid	实线
2—Dash	破折线
3—Dot	点线
4—Dash-Dot	破折线-点线（即点划线）
5—Dash-Dot-Dot	破折线-点线-点线（即双点划线）
6—Inside Solid	内实线（只对 Shape 控件起作用）

（2）BorderWidth：线段宽度，默认以像素为单位。

（3）BorderColor：线段颜色。

（4）X1，X2，Y1，Y2 属性用来设置或返回线段两端点的坐标。其中，（X1，Y1）表示线段的第 1 端点坐标，（X2，Y2）表示线段的第 2 端点坐标。

【例 9.2】　设计程序，当单击窗体时，显示窗体工作区的对角线。程序运行结果如图 9.4 所示。

项目设计：在窗体中添加 2 个 Line 控件，名称分别为 Line1 和 Line2。在窗体的 Click 事件中设置它们的端点坐标，就可以显示窗体工作区的对角线。

程序代码如下。

```
Private Sub Form_Click()
    '显示主对角线
    Line1.X1 = 0
    Line1.Y1 = 0
    Line1.X2 = Form1.ScaleWidth
    Line1.Y2 = Form1.ScaleHeight
    '显示副对角线
    Line2.X1 = Form1.ScaleWidth
    Line2.Y1 = 0
    Line2.X2 = 0
    Line2.Y2 = Form1.ScaleHeight
End Sub
```

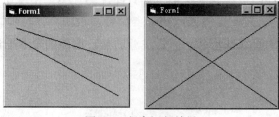

图 9.4　程序运行结果

2. 形状控件

形状控件（Shape）可以用来显示矩形、正方形、椭圆、圆、圆角矩形及圆角正方形。当把 Shape 控件添加到容器控件上时，缺省情况下显示矩形，通过改变 Shape 属性可显示其他几何形状。形状控件的常用属性如下。

（1）Shape：用来设置控件所显示的几何形状。其取值如图 9.5 所示，分别对应 6 种形状。

（2）BorderStyle：线型样式同 Line 控件，详见表 9.4。

（3）BorderWidth：边框线宽度，默认时以像素为单位。

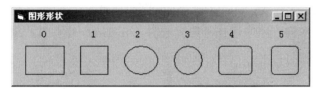

图 9.5　Shape 控件的 6 种形状

（4）BorderColor：边框颜色。

（5）FillStyle：用来设置形状内部的填充图案样式，它有 8 种取值，如图 9.6 所示。当 FillStyle 值为 0 时，用 FillColor 的颜色填充形状。

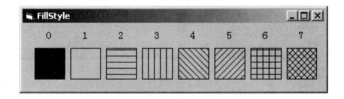

图 9.6　FillStyle 属性决定的内部图案

（6）FillColor：用来设置填充的图案的颜色。默认时 FillColor 为黑色。

（7）BackColor：用来设置形状内部的背景颜色。

（8）BackStyle：用来设置背景样式，形状是否被指定的颜色填充。其取值如表 9.5 所示。

表 9.5　Shape 控件的 BackStyle 属性

BackStyle 属性值	含　义
0—Transparent	表示形状边界内的区域是透明的
1—Opaque	表示形状边界内由 BackColor 属性所指定的颜色来填充（默认时 BackColor 的颜色值为白色）

【例 9.3】　设计程序使 Shape 控件实现动态变化。

项目说明：程序运行结果如图 9.7 所示。程序运行后，红色正方形逐渐变大，中心位置保持不变，当正方形大小超过 2000 时静止不动，同时 8 种内部图案顺序变化。

图 9.7　程序运行结果

项目分析：使 Shape 控件显示为正方形需设置 Shape 属性值为 1。要使其大小发生变化，需控制其 Width 和 Height 属性，同时还应调整 Left 和 Top 属性使正方形中心位置不变。另外，还应向程序中添加计时器控件，在 Timer 事件过程中实现 Shape 控件动态变化。

项目设计：

（1）创建界面。新建 1 个标准 EXE 工程。在窗体中添加 1 个形状控件和 1 个计时器。

（2）设置属性。各对象的属性设置情况如表 9.6 所示。

表 9.6　属性设置

对　　　象	属　　　性	属　性　值
Shape1	Shape	1
Timer1	Interval	500
	Enabled	True

（3）编写代码。

```
Private Sub Timer1_Timer()
   If Shape1.Width <= 2000 Then
   Shape1.Width = Shape1.Width + 100      '调整宽度和高度,改变形状大小
   Shape1.Height = Shape1.Height + 100
   Shape1.Left = Shape1.Left - 50         '调整 Left,Top 使中心位置不变
   Shape1.Top = Shape1.Top - 50
   Else
     '取余函数使 FillStyle 属性的取值在 0～7 之间
     Shape1.FillStyle = (Shape1.FillStyle + 1) Mod 8
   End If
End Sub
```

9.3　图　形　方　法

在容器控件中显示基本图形，除了可以用上一节介绍的线（Line）和形状（Shape）控件来实现以外，在 VB 中还提供了用来在对象中绘图基本图形的方法：Line 方法和 Circle 方法。VB 中支持图形方法的对象有窗体（Form）、图片框（Picture）和打印机（Printer）。

9.3.1 Line 方法

格式：[对象名.]Line[Step] [(x1,y1)] –[Step] (x2,y2)[, 颜色][, B[,F]]

功能：在对象上画直线或矩形。

说明：

（1）对象可以是窗体、图片框或打印机，缺省时为当前窗体。

（2）（x1, y1）为线段的起点坐标或矩形的左上角坐标，（x2, y2）为线段的终点坐标或矩形的右下角坐标。

（3）Step 参数是可选参数。第 1 个 Step 表示起点坐标是相对于 CurrentX 和 CurrentY 属性的相对坐标，即将 CurrentX 和 CurrentY 看作是坐标原点。第 2 个 Step 表示相对于起点坐标的终点坐标，即将起点坐标看作是坐标原点。这里的 CurrentX 和 CurrentY 属性决定绘图时的当前坐标，相当于绘图笔尖的当前位置坐标，如未作设置，它们的缺省值为（0,0），它们在设计阶段不能使用。

（4）关键字 B 表示画矩形。

（5）关键字 F 表示用画矩形的颜色来填充矩形。当省略 F 时，矩形的填充色由对象的 FillColor 属性决定。

（6）DrawWidth 属性决定在对象上所画线条的宽度或点的大小。DrawWidth 属性以像素为单位，最小值为 1。

（7）DrawStyle 属性决定在对象上所画线条的样式。DrawStyle 属性设置如表 9.7 所示。

表 9.7　DrawStyle 属性设置

设 置 值	线 型
0	Solid（实线，缺省值）
1	Dash（长划线）
2	Dot（点线）
3	Dash-Dot（点划线）
4	Dash-Dot-Dot（点点划线）
5	Transparent（透明线）
6	Inside Solid（内实线）

以上线型仅当 DrawWidth 属性值为 1 时才有效。

【例 9.4】 设计利用 Line 方法在窗体上画随机射线的程序。

项目说明：程序运行结果如图 9.8 所示。单击窗体，会以窗体中心同一点为起点画出 100 条不同颜色、不同方向、不同长度的随机射线。

项目分析：画线需要使用 Line 方法，所有射线都由坐标点(1400,1400)指向不同象限的不同位置。由于产生射线的颜色、方向、长度等都是随机的，所以需用到随机函数 Rnd。由随机函数产生 X 坐标与 Y 坐标，然后用 Line(1400,1400) – (X,Y)画线。

图 9.8　程序运行结果

程序代码如下。

```
Private Sub Form_Click()
    For i = 1 To 100
        Randomize
        X = Int(Rnd * 3000)
        Y = Int(Rnd * 3000)
        c = Int(Rnd * 16)
        Form1.Line (1400, 1400)-(X, Y), QBColor(c)
    Next i
End Sub
```

9.3.2　Circle 方法

格式：

[对象名.]Circle [(x,y), 半径[, 颜色][, 起始角][, 终止角][, 长短轴比率]]

功能：在对象上画圆或椭圆。

说明：

（1）对象可以是窗体、图片框和打印机，缺省时为当前窗体。

（2）（x，y）为圆心坐标。

（3）圆弧和扇形的绘制通过起始角、终止角参数控制。当起始角、终止角取值在 $0 \sim 2\pi$ 之间时，绘制圆弧，当在起始角、终止角前加一个负号时，绘制扇形，负号表示画圆心到圆弧的径向线。

（4）长短轴比率等于 1 时为画圆，不等于 1 时为画椭圆。

【例 9.5】　利用 Circle 方法绘制如图 9.9 所示的图形。

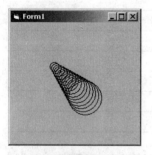

图 9.9　运行结果

```
Private Sub Form_Click()
    X = 1000              '圆心横坐标1000
    Y = 1000              '圆心纵坐标1000
    For r = 100 To 400 Step 20 '半径每次增加20
        X = X + 50
        Y = Y + 50
        Circle (X, Y), r     '画出当前圆
    Next r
End Sub
```

本 章 小 结

本章介绍了 VB 中的几个常用图形控件：线、形状、图片框和图像框，以及 Line、Circle 图形方法。其中，Line 和 Shape 控件都可以产生简单的几何图形，图片框（PictureBox）和图像框（Image）的作用主要是显示图片。此外图片框还是容器控件，可以作为其他控件的容器。最后还介绍了几种应用比较普遍的图形方法，利用不同的图形方法，可以编写显示不同几何图形的程序。

习　题

一、思考题

1. 表示颜色有几种方法？
2. 图片框控件和图像框控件的区别是什么？

二、选择题

1. 在窗体上画 1 个图片框，在图片框中画 1 个命令按钮，位置如图 9.10 所示，则命令按钮的 Top 属性值是_____。

图 9.10　命令按钮的位置

  A．200   B．300   C．500   D．700

2. 设窗体上有一个图片框 Picture1，要在程序运行期间装入当前文件夹下的图形文件 File1.jpg，能实现此功能的语句是_____。

  A．Picture1.Picture=" Flie1.jpg"

  B．Picture1.Picture=LoadPicture ("File1.jpg")

  C．LoadPicture ("File1.jpg")

  D．Call LoadPicture ("File1.jpg")

3. 以下关于图片框控件的说法中，错误的是_____。

  A．可以通过 Print 方法在图片框中输出文本

  B．清空图片框控件中图形的方法之一是加载一个空图形

  C．图片框控件可以作为容器使用

  D．用 Stretch 属性可以自动调整图片框中图形的大小

第 10 章　键盘与鼠标事件

学习目标与要求：

- 掌握键盘的 KeyPress 事件的发生和处理。
- 掌握键盘的 KeyDown 事件和 KeyUp 事件的发生和处理。
- 掌握鼠标事件 MouseDown、MouseUp 和 MouseMove。
- 了解鼠标光标的形状及其设置方法。

10.1　键　盘　事　件

因为窗体和文本框控件本身已经具备了处理按键的功能，所以在一般情况下可以不必编写键盘事件过程。但是，如果要识别组合键、功能键、光标移动键、小键盘（数字键盘）上的按键，就要对输入字符进行判断和筛选，那么必须使用键盘事件。

键盘事件包括 KeyDown、KeyPress 和 KeyUp 事件。当一个对象具有焦点时，用户按下并释放键盘按键，会先后依次触发 KeyDown、KeyPress 和 KeyUp 事件。

10.1.1　KeyDown 事件、KeyUp 事件

当一个对象具有焦点时，用户按下键盘按键触发 KeyDown 事件；释放键盘按键触发 KeyUp 事件。具有这两个事件的对象有窗体、命令按钮、文本框、复选框、列表框、组合框、滚动条和图片框。

事件过程的格式：

> Private Sub Object_KeyDown(KeyCode As Integer,Shift As Integer)
>
> Private Sub Object_KeyUp(KeyCode As Integer,Shift As Integer)

说明：

（1）其中的 Object 是窗体或控件名。

（2）事件过程有两个参数。

① KeyCode 是一个整型参数，表示按键的代码。键盘上的每一个按键都有其相应的键代码，VB 还为每个键代码声明了一个内部常量。例如，F1 键的键代码为 112，内部常量为 vbKeyF1；Home 键的键代码为 36，内部常量为 vbKeyHome。其中，键盘上的字母键和数字键的键代码与其对应的 ASCII 码值相同。需要注意的是：对于字母键 KeyCode 无法区分其大小写形式，一律返回其大写形式的 ASCII 码值。

② Shift 是 1 个整型参数，表示在按下一个键时，是否同时按下了 Shift、Ctrl 和 Alt 等控制键。此参数为 1 时，表示同时按下了 Shift 键；为 2 时，表示同时按下了 Ctrl 键；

为 4 时，表示同时按下了 Alt 键。当这 3 个键中有不只 1 个键被同时按下，则 Shift 参数是相应数值之和，如表 10.1 所示。

表 10.1　Shift 参数的值

按键	Shift 参数值（十进制）	Shift 参数值（二进制）
没有按下转换键	0	000
按下 Shift 键	1	001
按下 Ctrl 键	2	010
按下 Shift+Ctrl 键	3	011
按下 Alt 键	4	100
按下 Alt+Shift 键	5	101
按下 Alt+Ctrl 键	6	110
按下 Alt+Ctrl+Shift 键	7	111

【例 10.1】　编写程序，用来测试在文本框 Text1 中键入功能键 F1 时，同时又按下了控制键（Alt、Shift 和 Ctrl 键）中的哪一个。

在窗体中添加 1 个文本框，将其 Text 属性设置为空。

程序代码如下。

```
Private Sub Text1_KeyDown(KeyCode As Integer, Shift As Integer)
    Dim Strl As String
    If KeyCode = vbKeyF1 Then
        Select Case Shift
            Case 1
                Strl = "Shift+"
            Case 2
                Strl = "Ctrl+"
            Case 4
                Strl = "Alt+"
            Case Else
                Strl = ""
        End Select
        Text1.Text = "您按了" & Strl & "F1 键"
    Else
        Text1.Text = ""
    End If
End Sub
```

当程序运行时，如果在已经按下控制键 Ctrl 的情况下，再按功能键 F1，则程序运行结果如图 10.1 所示。

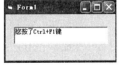

图 10.1　程序运行界面

10.1.2　KeyPress 事件

支持 KeyPress 事件的对象有窗体、命令按钮、文本框、复选框、单选钮、列表框、组合框、滚动条和图片框。当按下键盘上的一个可打印字符键（字母、数字和符号）时，触发该事件。

格式：Private Sub Object_KeyPress(KeyAscii As Integer)

说明：

（1）Object 是窗体或控件名。

（2）整型参数 KeyAscii 传递的是按键字符的 ASCII 码，即可以区分按键字符的大小写状态，按键字符的大小写状态不同返回的 ASCII 码也不同。

（3）KeyPress 事件仅可以接收可打印的键盘字符和为数很少的几个功能键，如 Enter（回车键）和 BackSpace（退格键）。如果要处理无法被 KeyPress 接收的其他按键，应该使用 KeyDown、Keyup 事件。

（4）在 KeyPress 事件过程中，如果改变 KeyAscii 的值，则会改变实际输入的字符。特殊情况下，将 KeyAscii 参数改变为 0 时可取消按键，这样对象便接收不到字符了。另外，可以使用 Chr（KeyAscii）函数将 KeyAscii 参数转变为一个字符。

（5）窗体中具有焦点的对象首先接收 KeyPress 事件。窗体只有在没有可见或有效的控件时，或 KeyPreview 属性被设置为 True 时，才能接收该事件。

【例 10.2】 设计只允许在文本框中输入数字（0~9）的程序。

```
Private Sub Text1_KeyPress(KeyAscii As Integer)
   If Key Ascii < 48 or KeyAscii > 57 Then
      KeyAscii=0
   End If
End Sub
```

其中，48 是 "0" 的 ASCII 码，57 是 "9" 的 ASCII 码。

【例 10.3】 设计程序，将文本框 Text1 中输入的字符追加到文本框 Text2 当前内容的末尾。其中，Chr（KeyAscii）函数用来将 KeyAscii 转换为字符。

```
Private Sub Text1_KeyPress(KeyAscii As Integer)
   Text2.Text=Text2.Text & Chr(KeyAscii)
End Sub
```

【例 10.4】 将输入到文本框中的所有字符都强制转换为大写字符。

问题分析：可以使用 Keypress 事件将每个字符转换为大写。

```
Private Sub Text1_KeyPress(KeyAscii As Integer)
   KeyAscii = Asc(UCase(Chr(KeyAscii)))
End Sub
```

这里通过设置 KeyAscii 参数，返回转换后的大写字符的 ASCII 码值。Chr 函数将 ascii 码转换成对应的字符，Ucase 函数将字符转换为大写，Asc 函数将字符转化为 ASCII 码。

10.1.3　KeyPreview 属性

窗体有 KeyPreview 属性，当此属性被设置为 True 时，窗体先于该窗体上的控件接收到键盘事件。可以利用此属性，编制窗体的键盘处理程序。

【例 10.5】　编写测试 KeyPreview 属性的程序。

项目设计：将窗体的 KeyPreview 属性设置为 True，然后添加 1 个文本框。

程序代码如下。

```
Private Sub Form_KeyDown(KeyCode As Integer, Shift As Integer)
    Print "发生窗体键盘事件"
End Sub
Private Sub Text1_KeyDown(KeyCode As Integer, Shift As Integer)
    Print "发生文本框键盘事件"
End Sub
```

程序运行过程中，当在文本框中键入一个字符时，将首先触发窗体的 KeyDown 事件，运行结果如图 10.2 所示。

图 10.2　程序运行界面

10.2　鼠　标　事　件

前面章节中讲到过窗体与各种控件的 Click 事件和 DblClick 事件。这两个事件不能确定用户是在对象的什么位置上单击鼠标，也不能确定用户单击的是鼠标上的哪个键（左、右、中键），更不能确定在单击鼠标时是否同时按下了键盘上的某个控制键（如 Ctrl、Shift 和 Alt 键）。要在程序中得到上面所述信息，就必须利用鼠标事件。常用的鼠标事件有 MouseDown、MouseUp、MouseMove。

10.2.1　MouseDown 事件、MouseUp 事件、MouseMove 事件

具有这 3 个事件的对象有窗体、图片框、图像框、命令按钮、标签、文本框、框架、复选框、单选钮和列表框。当用户在这些对象上按下鼠标键时，将触发 MouseDown 事件；释放鼠标键时，将触发 MouseUp 事件；移动鼠标时，将触发 MouseMove 事件。

格式：

Private Sub Object_MouseDown(Button As Integer, Shift As Integer, X As Single, Y As Single)

```
        End Sub
        Private Sub Object _MouseUp(Button As Integer, Shift As Integer, X As Single, Y
As Single)
        End Sub
    Private Sub Object _MouseMove(Button As Integer, Shift As Integer, X As Single, Y As
Single)
        End Sub
```

说明：

（1）其中的 Object 是窗体或控件对象。

（2）过程参数的取值与意义。

① Button 参数：Button 参数值是一个整数，表示鼠标事件发生时按下的是哪个鼠标键。

1—左键。

2—右键。

4—中键。

对于 MouseMove 事件，事件发生时，可能同时有 2 个或 3 个鼠标键按下，这时 Button 参数是相应按键值的和。例如，如果 MouseMove 事件发生时，左键和右键都被按下，则参数 Button 传递的值是 3。因为当移动鼠标时，可以不按下任何鼠标键，所以对于 MouseMove 事件，这个参数可以为 0。

② Shift 参数：Shift 参数值是一个整数，表示鼠标事件发生时，键盘上的哪些控制键同时被按下。

1—Shift 键。

2—Ctrl 键。

4—Alt 键。

如果同时有 2 个或 3 个控制键被按下，则 Shift 参数值是相应按键值的和。

③ X 参数、Y 参数：X 参数和 Y 参数都为单精度数值，表示鼠标事件发生时，鼠标指针热点所处位置的坐标。

应该注意的是，当移动鼠标时，会不断地发生 MouseMove 事件。在相同的距离上，鼠标移动的速度越快，产生的 MouseMove 事件就越少。

10.2.2　鼠标事件的应用实例

【例 10.6】　设计具有以下功能的程序。

（1）鼠标移动时，显示鼠标当前坐标值。

（2）在窗体某个位置单击鼠标左键时，以该位置为圆心，500 为半径画圆。

（3）在单击鼠标的同时如果按下 Shift 键，则圆显示为红色；按下 Ctrl 键，显示为绿色；按下 Alt 键，显示为蓝色。

项目设计：在窗体上添加 1 个标签，名称为 Label1。

程序代码如下。

```
Private Sub Form_MouseDown(Button As Integer, Shift As Integer,_
```

```
    X As Single, Y As Single)
        Dim color As Long
        If Button = 1 Then
            Select Case Shift
                Case 0
                    color = RGB(0, 0, 0)              '黑
                Case 1
                    color = RGB(255, 0, 0)            '红
                Case 2
                    color = RGB(0, 255, 0)            '绿
                Case 4
                    color = RGB(0, 0, 255)            '蓝
            End Select
            Form1.Circle (X, Y), 500, color           '画圆
        End If
    End Sub
    Private Sub Form_MouseMove(Button As Integer, Shift As Integer,_
    X As Single, Y As Single)
        '在标签中显示当前坐标值
        Label1.Caption = "(" + Str(X) + "," + Str(Y) + ")"
    End Sub
```

程序运行结果如图 10.3 所示。

本程序中使用了图形方法 Circle，其使用方法请参阅 9.3.2 节内容。

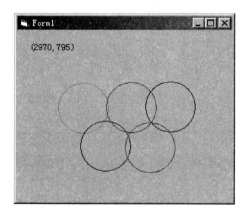

图 10.3 程序运行界面

10.2.3 鼠标指针的形状

窗体和多数控件对象都具有 MousePointer、MouseIcon 属性。

MousePointer 属性用来指定鼠标指针的形状。它的取值如表 10.2 所示。

表 10.2　设置鼠标光标形状（MousePointer 属性）

属　性　值	常　　量	鼠标指针的形状
0	vbDefault	形状由对象决定（默认值）
1	vbArrow	箭头
2	vbCrosshair	十字线
3	vbIbeam	I 型
4	vbIconPointer	箭头图标
5	vbSizePointer	4 个方向的箭头
6	vbSizeNESW	指向右上和左下方向的双箭头
7	vbSizeNS	指向上下的双箭头
8	vbSizeNWSE	指向左上和右下方向的双箭头
9	vbSizeWE	左右方向的双箭头
10	vbUpArrow	向上的箭头
11	vbHourglass	沙漏（表示等待状态）
12	vbNoDrop	"不能停止"图标
13	vbArrowHourglass	箭头和沙漏
14	vbArrowQuestion	箭头和问号
15	vbSizeAll	4 向箭头（表示改变大小）
99	vbCustom	通过 MouseIcon 属性所指定的自定义图标

MouseIcon 属性用来使用一个图标文件自定义鼠标指针的形状。

需要注意的是，只有当 MousePointer 属性的值为 99 时，MouseIcon 属性才有效。在程序中使用 LoadPicture 函数装入以 .ico 或 .cur 为扩展名的图标文件，用来设置 MouseIcon 属性。

【例 10.7】　编写程序，改变窗体和命令按钮的鼠标指针形状。

程序代码如下。

```
Private Sub Form_Load()
    Form1.MousePointer = 99
    Form1.MouseIcon = LoadPicture("aaa.ico")      '改变窗体鼠标指针形状
    Command1.MousePointer = 13                      '改变按钮鼠标指针形状
End Sub
```

当程序运行时，如果将鼠标指针移动到命令按钮上，那么鼠标指针将变成 ；如果将鼠标指针移动到窗体上，那么鼠标指针将变成 。

本 章 小 结

本章介绍了 VB 中一类重要的事件——键盘事件和鼠标事件。在应用程序中，需要识别组合键、功能键、光标移动键、小键盘等按键时，必须利用键盘事件。键盘事件包括 KeyDown、KeyPress 和 KeyUp。在程序中应注意 KeyDown 和 KeyPress 事件的区别。KeyDown 和 KeyPress 事件过程的参数不同，能够响应的键盘按键也有所区别。

KeyDown 事件主要响应按键为键盘上的功能键及组合键的情况。KeyPress 事件主要响应按键为键盘上的字母键、数字键等可打印字符时的情况，也可以响应 Enter 键、Tab 键和 BackSpace 键。

通过使用鼠标事件，不但可以确定是在对象的哪个位置上单击了鼠标，还可以确定单击的是鼠标的哪个键以及在单击时是否按下了键盘上的某个控制键。常用的鼠标事件有 MouseDown、MouseUp、MouseMove。鼠标事件中的参数较多，重点应掌握不同参数的含义及用法。另外，本章最后介绍了影响鼠标光标形状的两个属性 MousePointer 和 MouseIcon。

习　　题

一、思考题

1. KeyDown 事件过程和 KeyPress 事件过程中参数的含义是什么？
2. MouseDown 事件过程中的参数代表什么含义？

二、选择题

1. VB 中有 3 个键盘事件：KeyPress、KeyDown、KeyUp，若光标在 Text1 文本框中，则每输入一个字母_____。

  A. 这 3 个事件都会触发

  B. 只触发 KeyPress 事件

  C. 只触发 KeyDown、KeyUp 事件

  D. 不触发其中任何一个事件

2. 设窗体的名称为 Form1，标题为 Win，则窗体的 MouseDown 事件过程的过程名是_____。

  A. Form1_MouseDown

  B. Win_MouseDown

  C. Form_MouseDown

  D. MouseDown_Form1

3. 要求当鼠标在图片框 P1 中移动时，立即在图片框中显示鼠标的位置坐标。下面能正确实现上述功能的事件过程是_____。

  A.
```
Private Sub P1_MouseMove(Button AS Integer,_
Shift As Integer,X As Single,Y As Single)
    Print X,Y
End Sub
```

  B.
```
Private Sub P1_MouseDown(Button AS Integer,_
Shift As Integer,X As Single, Y As Single)
    Picture.Print X,Y
End Sub
```

C.
```
Private Sub P1_MouseMove(Button AS Integer,_
    Shift As Integer,X As Single, Y As Single)
    P1.Print X,Y
End Sub
```
D.
```
Private Sub Form_MouseMove(Button AS Integer,_
    Shift As Integer,X As Single,Y As Single)
    P1.Print X,Y
End Sub
```

4. 在窗体上画1个命令按钮和2个文本框,其名称分别为Command1、Text1和Text2,在属性窗口中把窗体的 KeyPreview 属性设置为 True,然后编写如下程序。

```
Dim S1 As String, S2 As String
Private Sub Form_Load()
    Text1.Text=""
    Text2.Text=""
    Text1. Enabled=False
    Text2. Enabled=False
End Sub
Private Sub Form_KeyDown(KeyCode As Integer, Shift As Integer)
    S2=S2&Chr(KeyCode)
End Sub
Private Sub Form_KeyPress(KeyAscii As Integer)
    S1=S1&Chr(KeyAscii)
End Sub
Private Sub Commandl_Click()
    Textl.Text=S1
    Text2.Text=S2
    S1=""
    S2=""
End Sub
```

程序运行后,先后按"a"、"b"、"c"键,然后单击命令按钮,在文本框 Text1 和 Text2 中显示的内容分别为_____。

A. abc 和 ABC
B. 空白
C. ABC 和 abc
D. 出错

第 11 章　菜 单 设 计

学习目标与要求：

- 掌握菜单编辑器的使用。
- 掌握菜单项控件各种属性的含义和设置方法。
- 掌握弹出式菜单的设计方法。
- 能够设计菜单项的 Click 事件，实现菜单功能。

11.1　概　　述

菜单是一系列命令组成的列表，是 Windows 应用程序普遍使用的一种交互方式，它能够使用户灵活地操作和控制应用程序并能使界面整洁。VB 环境下的菜单分为两种类型：下拉式菜单和弹出式菜单。这两种菜单的设计都要求在"菜单编辑器"中进行。本章将介绍这两种菜单的创建方法。

11.1.1　下拉式菜单

下拉式菜单一般显示在窗口顶端的菜单栏。菜单栏中的菜单项称为菜单标题。单击某一个菜单标题，将下拉出一个菜单，菜单由若干项菜单命令、分隔条或者下一级子菜单标题组成，如图 11.1 所示。

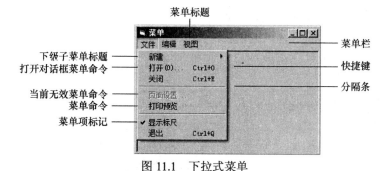

图 11.1　下拉式菜单

11.1.2　弹出式菜单

弹出式菜单又称为"快捷菜单"、"上下文相关菜单"，其位置显示比较灵活。当用鼠标在某一个对象（或空白区域）单击右键后弹出的菜单即为弹出式菜单，如图 11.2 所示。与下拉式菜单不同的是：弹出式菜单的显示位置不同，它的显示位置取决于鼠标单击时指针的位置；显示内容不同，它显示的内容取决于所选对象以及前后的相关操作。

图 11.2　弹出式菜单

11.1.3　菜单设计的步骤

　　无论是下拉式菜单还是弹出式菜单，每一个菜单项都是 VB 的一个控件对象，具有和其他控件一样的属性，如 Caption、Name、Check、Enabled 和 Visible 等属性。所不同的是，菜单控件不在 VB 的工具箱中，而且菜单控件的属性不能在属性窗口中修改，只能在菜单编辑器中修改。菜单控件只能响应 Click 事件。

　　设计菜单的一般步骤如下。

　　（1）根据程序设计的需要进行菜单的界面设计，包括菜单栏中的各菜单标题，各级子菜单中的菜单项，以及它们各自的事件过程。

　　（2）打开菜单编辑器，建立各级菜单，并设置相应的属性。

　　（3）编写程序代码。建立菜单项后，为相应的菜单项编写 Click 事件代码。

11.1.4　菜单编辑器

1．打开菜单编辑器

打开菜单编辑器的方法有以下几种。

　　（1）选择"工具｜菜单编辑器"选项。

　　（2）单击工具栏中的"菜单编辑器" 📋 按钮。

　　（3）在窗体上单击鼠标右键，选择弹出菜单中的"菜单编辑器"选项。

　　（4）按 Ctrl+E 键。

打开后的菜单编辑器如图 11.3 所示。

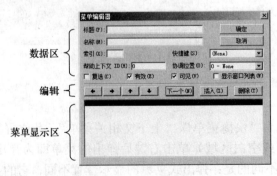

图 11.3　菜单编辑器

2. 菜单编辑器的组成

菜单编辑器窗口由 3 部分组成：数据区、编辑区和菜单显示区。

（1）数据区。也称为菜单属性区，位于"菜单编辑器"标题栏的下方，用来设置菜单控件的属性。

① 标题（P）：为程序运行时菜单上的说明文字，如"文件"、"格式"等，相当于普通控件的 Caption 属性。若是减号"-"，将在菜单中显示一条分隔线，常用此种方法使菜单项分组。另外，在标题中可以用"&"为菜单项设定快速访问键，如标题设置为"文件(&F)"则菜单项显示为"文件(F)"。

② 名称（M）：用来标注菜单项的控件名字，这个名字用来在程序中引用菜单项，相当于普通控件的 Name 属性。所有菜单项的名称属性必须是唯一的，除非这个菜单项是控件数组中的一个元素。

③ 索引（X）：相当于其他控件的 Index 属性，当把多个菜单项定义为控件数组时，索引是控件数组的下标，控件数组中的菜单项具有相同的 Name 属性，而且是同一个菜单中的相邻菜单项。索引可以不从 0 开始，也可以不连续，但必须按升序排列。

④ 快捷键（S）：用来设置菜单项的快捷键，可以从它的下拉列表框中进行选择。

⑤ 复选（C）：该属性为 True（选中）时，在该菜单项前面出现一个"√"标记，表示该项处于活动状态。相当于复选框控件的 Checked 属性。

⑥ 有效（E）：该属性为 False（未选中）时，对应的菜单项呈灰色，表示当前不可用。该属性相当于普通控件的 Enabled 属性。

⑦ 可见（V）：确定菜单是否可见，该属性为 False（未选中）时，对应的菜单项将暂时从菜单中去掉。它相当于普通控件的 Visible 属性。

⑧ 帮助上下文 ID（H）：在 Helpfile 属性指定的帮助文件中用该数值查找适当的帮助信息。

⑨ 协调位置（O）：选择菜单的显示属性，该属性决定是否及如何在容器窗体中显示菜单。0—None：不显示；1—Left：靠左；2—Middle：居中；3—Right：靠右。

⑩ 显示窗口列表（W）：该属性为 True（选中）时，将显示当前打开的一系列子窗口标题。

（2）编辑区。数据区下方的区域是菜单编辑区。编辑区上有 7 个控制按钮，编辑菜单时要借助于这 7 个按钮。

① 左右箭头 ◄ ► ：单击右箭头，产生内缩符号（…），表示将建立下一级菜单。单击左箭头，删除内缩符号。在 VB 6.0 中最多可建立 6 级子菜单。

② 上下箭头 ▲ ▼ ：单击上箭头把条形光标上移一个选项，单击下箭头把条形光标下移一个选项。

③ 下一个（N）：开始设置一个新的菜单项。

④ 插入（I）：用来插入一个新的菜单项。

⑤ 删除（T）：删除条形光标所在的菜单项。

（3）菜单显示区。位于菜单设计窗口的下部，用来显示输入的菜单项。显示区上列出了菜单项标题、级别和快捷键等。如果一菜单项相对于上一个菜单项向右缩进，表示它是上一个菜单项的子菜单。向右缩进相同的菜单项属于同一个子菜单。没有缩进的菜单项是顶级菜单项，将显示在菜单栏中。可以在此区域选择要修改的菜单项，用 ← → ↑ ↓ 按钮调整菜单项顺序和缩进。

11.2　下拉式菜单的建立

11.2.1　下拉式菜单的建立实例

【例 11.1】　用下拉式菜单设计 1 个具有加、减、乘、除、清除和退出功能的程序。

项目说明：程序运行后的窗体如图 11.4 所示。在"操作数"下的 2 个文本框中，分别输入 2 个数，然后通过菜单栏中"计算"菜单项，选择"加/减"或"乘/除"运算符，程序经过运算后，会将相应的结果显示在"结果"文本框中。"其它"菜单项提供"清除"和"退出"操作："清除"表示清空操作数，准备进行下一次运算；"退出"为关闭窗体，结束程序。另外，还要求为"计算"菜单标题下的菜单项设置快捷键，如"加"的快捷键为 Ctrl+A。

图 11.4　下拉式菜单示例

项目分析：根据项目说明的要求，需要在窗体中利用菜单编辑器生成 1 个菜单，此菜单有 2 个菜单标题，"计算"菜单标题包括 4 个菜单项，"其它"菜单标题包括 2 个菜单项。菜单设计完成后，为每一个菜单项编写 Click 事件代码以实现菜单功能。程序运行时，单击菜单项就会触发相应的 Click 事件。

项目设计：

（1）创建界面：新建一个标准 EXE 工程。在窗体适当位置添加 3 个文本框，并把它们的 Text 属性设置为空。添加 3 个标签并设置 Caption 属性。窗体样式如图 11.4 所示。

（2）建立菜单：右击窗体空白处，选择"菜单编辑器"命令，打开菜单编辑器。

1）建立菜单标题"计算"及菜单项。

① 在标题栏中键入"计算(&C)"，名称栏中键入"cmp"。& 引导的字母指明了该菜单项的快速访问键，即使用 Alt+C 键可以拉开此菜单。

② 单击编辑区的"下一个"，使菜单显示区条形光标下移。

③ 单击编辑区的右箭头，在菜单显示区该菜单项出现内缩符号"…"。

④ 在标题栏中键入"加"，在名称栏中键入"add"，在快捷键中选择 Ctrl+A 键。

⑤ 单击编辑区的"下一个"，使菜单显示区条形光标下移。

⑥ 在标题栏中键入"减"，在名称栏中键入"sub"，在快捷键中选择 Ctrl+B 键。

⑦ 重复⑤～⑥操作步骤，建立标题为"乘"、名称为"mul"的菜单项和标题为"除"、名称为"div"的菜单项，快捷键分别为 Ctrl+C 键和 Ctrl+D 键。

2）建立菜单标题"其他"及菜单项。

① 单击编辑区的"下一个"，使菜单显示区条形光标下移。

② 单击编辑区的左箭头，取消该菜单项的内缩符号"…"。

③ 在标题中键入"其他(&O)",在名称中键入"oth"。

④ 重复以上各操作步骤,直到菜单显示区如图 11.5 所示。其中,菜单项"清除"名称为"clr",菜单项"退出"名称为"exit"。

3)单击菜单编辑器中的"确定"按钮,完成菜单编辑。如果需要可重新打开菜单编辑器进行修改。

(3)编写代码。菜单控件只能触发 Click 事件,在建立完菜单界面之后,单击某一菜单项,代码窗口即会出现该菜单项的 Click 事件过程,在其中输入相应的代码即可,如图 11.6 所示。

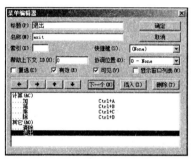

图 11.5 加、减、乘、除运算程序菜单

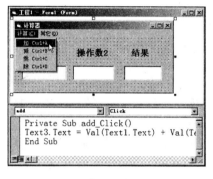

图 11.6 为菜单项添加代码

① 单击菜单项"加",输入代码如下。

```
Private Sub add_Click()
    Text3.Text = Val(Text1.Text) + Val(Text2.Text)
End Sub
```

② 单击菜单项"减"、"乘"时,执行的事件代码与加类似,仅操作符发生变化,输入代码如下。

```
Private Sub sub_Click()
    Text3.Text = Val(Text1.Text) - Val(Text2.Text)
End Sub
Private Sub mul_Click()
    Text3.Text  = Val(Text1.Text) * Val(Text2.Text)
End Sub
```

③ 单击菜单项"除"时,要判断操作数 2 是否为空或 0,输入代码如下。

```
Private Sub div_Click()
    If Val(Text2.Text) <> 0 Then
       Text3.Text = Val(Text1.Text) / Val(Text2.Text)
    Else
       MsgBox "请在操作数 2 中输入除数!"
    End If
End Sub
```

④ 单击菜单项"清除"，执行下面的事件代码。

```
Private Sub clr_Click()
    Text1.Text = Clear:Text2.Text = Clear:Text3.Text = Clear
                                        '也可以使用 Text1.text=""
    Text1.SetFocus
End Sub
```

⑤ 单击菜单项"退出"，执行下面的事件代码。

```
Private Sub exit_Click()
    End
End Sub
```

11.2.2 有效性控制

所谓"有效性"控制，即可以使菜单项禁止使用（变为灰色），需要时再恢复。被禁止使用的菜单项将不能接收 Click 事件。

以下两种方法可以实现菜单项的有效性控制。

（1）在菜单设计阶段，通过菜单编辑器窗口中的"有效（E）"选项进行设置。

（2）在编写代码阶段，通过设置 Enabled 属性来实现。该属性为 True 时，菜单项可以使用；该属性为 False 时，菜单项不可用（变为灰色）。语句格式如下。

菜单项名称.Enabled=True | False

下面的这条语句可使例 11.1 中菜单项"乘（mul）"呈灰色，不能接收 Click 事件。

```
mul.Enabled = False
```

需要注意的是，VB 中每个菜单项都是一个独立的控件，具有自己的属性和 Click 事件。各级菜单中的菜单项不存在父对象和子对象的关系，各菜单项的父对象都是窗体，所以在程序中引用菜单项时，可以直接引用各菜单项的名称。例如，

```
cmp.mul.Enabled=False    '该语句是错误的语句，菜单项名称前无需引用上层菜单名
```

11.2.3 菜单项标记

所谓菜单项标记，就是在菜单项前面加"√"标记。当菜单项前有此标记时，表示这个菜单项被选择，处于活动状态，即 ON 状态；否则，表示菜单项未被选择，处于非活动状态，即 OFF 状态。同样有两种方法可以实现菜单项标记。

（1）在菜单设计阶段，通过菜单编辑器窗口中的"复选（C）"选项进行设置。

（2）在编写代码阶段，通过设置某菜单项的 Checked 属性来实现。该属性为 True 时，菜单项前出现一个"√"标记；该属性为 False 时，菜单项前面无"√"标记。语句格式如下。

菜单项名称.Checked =True | False

由于菜单项标记通常要在"有"和"无"两种状态间切换，所以也常采用如下语句来切换两种状态。

菜单项名称.Checked =Not 菜单项名称.Checked

下面代码用来实现在例 11.1 中，单击"乘（Mul）"菜单项改变此菜单项的复选状态，有"√"标记时去掉此标记，无"√"标记时加上此标记。

```
Private Sub Mul_Click()
    Mul.Checked=Not Mul.Checked
End Sub
```

如果要在程序中判断菜单项是否处于选中状态，可用下面的 IF 语句格式。

```
If Mul.Checked =True Then '在这里编写 Mul 菜单项处于活动状态时要执行的代码
End If
```

11.3 弹出式菜单的建立

弹出式菜单是一种独立于菜单栏而显示在窗体上的浮动菜单，根据用户单击鼠标右键时的位置动态地显示。弹出式菜单的建立分 3 步进行。

（1）用菜单编辑器建立主菜单及其子菜单，并且把各菜单所需的程序代码写好。

（2）把菜单标题项的 Visible（可见性）属性设置为 False。

（3）编辑需要弹出菜单对象的 MouseDown 事件。用 PopupMenu 方法显示弹出式菜单。

格式：

[对象名.]PopupMenu 菜单名[，Flags[，X[，Y[，BoldCommand]]]]

说明：

（1）对象名：需要弹出菜单的对象名称，一般为窗体，省略对象指的是当前窗体。

（2）菜单名：是指通过"菜单编辑器"定义的菜单标题项名称属性 Name。

（3）Flags：位置参数，用来指定弹出式菜单的位置及行为，包含位置常数和行为常数。其中各常数取值及作用如表 11.1 和表 11.2 所示。

表 11.1 位置常数

位 置 常 数	值	作　　用
VbpopupMenuLeftAlign	0	表示菜单的左上角位于 X（默认值）
VbpopupMenuCenterAlign	4	表示菜单中心位于 X
VbpopupMenuRightAlign	8	表示菜单右上角位于 X

表 11.2 行为常数

行 为 常 数	值	作　　用
VbpopupMenuLeftButton	0	表示仅当单击左键时选择菜单项（默认值）
VbpopupMenuRightButton	2	表示单击左键或右键都可以选择菜单项

这两组参数可以单独使用，也可以联合使用。联合使用时，每组中取一个值，两值相加。例如，4+2 表示弹出式菜单显示的位置中心在 X 坐标，单击左键或右键都会选择菜单项。

（4）X，Y 是坐标值，表示弹出式菜单在窗体上显示的位置，默认为鼠标坐标。

（5）BoldCommand 用于指定菜单中要以粗体显示的菜单名称。

（6）除菜单名外，其他参数都是可选参数。若省略所有可选参数，运行程序时，在窗体任意位置单击鼠标左键或右键，将弹出一个菜单。

【例 11.2】 用弹出式菜单命令改变标签的背景色。

项目说明：程序运行后，当在窗体内单击右键时弹出菜单。选择菜单中的不同菜单项，窗体上标签的背景颜色会发生相应的变化，如图 11.7 所示。

图 11.7 弹出式菜单示例

项目分析：根据要求，首先利用菜单编辑器生成 1 个菜单，其中菜单标题的标题属性可以为空，名称属性设置为 "Main"。此菜单中有 3 个菜单项，分别为红色、蓝色、绿色，当单击相应命令时，该项加上菜单项标记，同时将标签背景色改为相应颜色。然后利用窗体的鼠标按下事件（Form_MouseDown），使用 Popupmenu 方法显示出菜单。Main 菜单的 Visible 属性初始值应为 False。

项目设计：

（1）创建界面：新建 1 个标准 EXE 工程。在窗体适当位置添加 1 个标签 Label1，设置其 Caption 属性为空，BorderStyle 属性为 1（带有固定边框）。

（2）建立菜单：打开菜单编辑器，各菜单属性设置如表 11.3 所示。

表 11.3 菜单项属性设置

标 题	名 称	内缩符号	可 见
	Main	无	False
红色	Red	1 层	True
蓝色	Green	1 层	True
绿色	Blue	1 层	True

（3）编写如下事件代码。

```
Private Sub Form_MouseDown(Button As Integer, Shift As Integer,_
X As Single, Y As Single)
    If Button=2 Then              '右击时弹出菜单
        PopupMenu main
    End If
End Sub
Private Sub red_Click()           '单击"红色"命令
'如果红色上没有菜单项标记，则添加菜单项标记，同时将其他命令的菜单项标记去掉，
'标签背景改为红色
    If red.Checked = False Then
        red.Checked = True
        blue.Checked = False
        green.Checked = False
        Label1.BackColor = vbRed
    End If
End Sub
```

```
Private Sub blue_Click()
   If blue.Checked = False Then
      blue.Checked = True
      red.Checked = False
      green.Checked = False
      Label1.BackColor = vbBlue
   End If
End Sub
Private Sub green_Click()
   If green.Checked = False Then
      green.Checked = True
      red.Checked = False
      blue.Checked = False
      Label1.BackColor = vbGreen
   End If
End Sub
```

本 章 小 结

本章主要介绍 VB 中菜单的设计。VB 中菜单有下拉式菜单和弹出式菜单两种。下拉式菜单一般显示在窗口的顶端；弹出式菜单又称为"快捷菜单"，其位置显示得比较灵活。当用鼠标在某一个对象（或空白区域）右击后弹出的菜单即为此菜单。这两种菜单的设计都要求在"菜单编辑器"中进行。无论是下拉式菜单，还是弹出式菜单，每一个菜单项都是 VB 的一个控件对象，其属性可在菜单编辑窗口中进行设置，也可通过程序代码进行设置。菜单控件只有一个 Click 事件。

习 题

一、选择题

1. 设计菜单时，在某菜单项 Caption 属性 1 个字母前加上"&"符号的含义是_____。

    A. 可通过键盘 Ctrl+该字母选择该菜单

    B. 可通过键盘 Alt+该字母选择该菜单

    C. 可通过键盘 Shift+该字母选择该菜单

    D. 在该菜单前加上选择标记

2. 假设有一个名为 MenuItem 的菜单项，如果需要在运行时将其变为失效状态（灰色），应在过程中使用的语句为_____。

    A. MenuItem.Enabled=False

    B. MenuItem.Enabled=True

    C. MenuItem.Visible=True

    D. MenuItem.Visible=False

3．为了将菜单项分组，通常使不同功能的菜单项间用一个水平线分隔。设置的方法是在菜单中插入 1 个菜单项，将该菜单项的_____属性设置为减号（-）即可。

    A．Name   B．Visible   C．Caption   D．Checked

4．设置菜单标题的访问键，需在设置该菜单标题的 Caption 属性时，在希望作为访问键的字符前加 1 个_____符号。

    A．#   B．*   C．&   D．$

5．关于 VB 菜单设计的叙述正确的是_____。

    A．VB 的菜单也是一个控件，存在于 VB 的工具箱中

    B．VB 的菜单也具有外观和行为的属性

    C．VB 的菜单设计是在"菜单编辑器"中进行的，它不是一个控件

    D．菜单的属性也是在"属性窗口中"设置的

6．以下叙述中错误的是_____。

    A．在同一窗体的菜单项中，不允许出现标题相同的菜单项

    B．在菜单的标题栏中，"&"所引导的字母表明了该菜单项的访问键

    C．程序运行过程中，可以重新设置菜单的 Visible 属性

    D．弹出式菜单也应该在菜单编辑器中定义

7．以下关于菜单编辑器中"索引"项的叙述中，错误的是_____。

    A．"索引"确定了菜单项在一组菜单中的位置

    B．"索引"是控件数组的下标

    C．使用"索引"时，可有一组菜单项具有相同的名称

    D．使用"索引"后，在菜单项的单击事件过程中可以通过索引值来引用菜单项

8．通过菜单编辑器设置菜单时，如需在菜单项前有"√"标记，则在菜单编辑器中_____。

    A．选中"复选"   B．不选中"复选"

    C．选中"有效"   D．不选中"有效"

二、填空题

1．在菜单中，唯一能够识别的事件是_____事件。

2．程序执行时，如果菜单项的_____属性设置为 False，则该菜单项变成灰色，不能被用户选择。

3．如果要在菜单中添加一条分隔菜单项的分割线，则需要将其 Caption 属性设置为_____。

4．编辑完一个菜单，其菜单标题的名称为"Menu"，并设置为不可见。为了在窗体上右击时显示该菜单，编写以下程序代码，请填空。

```
Private Sub Form  [1]  (Button As Integer, Shift As Integer,_
X As Single, Y As Single)
   If Button =  [2]  Then
    [3]  Menu
   End If
End Sub
```

第 12 章 文 件

学习目标与要求：

- 了解文件的结构和分类。
- 掌握文件操作语句和函数。
- 掌握顺序文件的打开和读写操作。
- 掌握随机文件的打开和读写操作。
- 掌握文件系统控件的使用。

12.1 数 据 文 件

12.1.1 文件概述

文件是指存放在外部介质上的以文件名标识的数据集合。按文件存储的内容可将文件分为程序文件和数据文件。程序文件是指令的有序集合。数据文件是专门存放程序中所使用的数据的文件，如学生成绩、图书资料等。这些数据可以是程序运行调用的原始数据，也可以是程序运行后的处理结果。本节将主要讨论数据文件的操作。

1. 文件结构

文件结构是指文件在外部存储器中数据的存放方式。VB 的文件结构简述如下。

（1）文件由记录（Record）组成。记录是数据管理的基本单位。

（2）记录由字段（Field）组成。字段是每个记录所包含的数据项，如表 12.1 所示的学生信息表中，每一个数据行称为一条记录，每一列称为一个字段。表中共有 5 条记录，每条记录由 4 个字段组成。记录可以由一至多个字段组成。

（3）字段由各种类型的数据组成。数据类型有字符型、数值型、日期型和逻辑型等。

表 12.1 学生信息表

姓　名	年　龄	专　业	入学时间
刘志丹	19	计算机	2010-9-1
黄哲	20	自动化	2010 9 1
安立群	20	英　语	2010-9-1
邹晓飞	18	物　理	2010-9-1
刘茜	19	数　学	2010-9-1

2. 文件的类型

划分依据不同，文件的分类方式也不相同。根据数据存取方式和文件结构，文件可分为顺序文件和随机文件。

（1）顺序文件。顺序文件就是普通的文本文件，可以用记事本等文字编辑软件查看。顺序文件中记录一个接一个地顺序存放，读取顺序与存储顺序一致。也就是说，对顺序文件的读取和写入都只能按顺序从头到尾依次进行，不能直接定位到所要处理的记录。

（2）随机文件。随机文件又称为直接存取文件，它的每个记录的长度是固定的，而且都有一个记录号，对文件中记录的读取和写入可根据记录号直接进行，所以它读取速度比顺序文件快得多。随机文件只能通过程序访问，不能通过文字编辑软件打开查看。

顺序文件的组织简单，占用空间小，但维护较困难，比较适合少量数据的存取；随机文件则存取灵活、易于修改且访问速度快，但其占用存储空间大，结构复杂。

12.1.2 顺序文件的打开与关闭

无论是哪种类型的文件，基本操作都分为 3 个步骤：①打开文件；②读取文件内容或者向文件写入内容；③关闭文件。

1. 顺序文件的打开

顺序文件的打开要使用 Open 语句。

格式：Open <文件名> For 打开方式 As [#]文件号

说明：

（1）文件名：表示要打开的文件名称，包含所在路径。

（2）打开方式：指打开文件的输入、输出方式，对于顺序文件有如下形式。

① Output：向文件中写入数据。若指定的文件不存在，则创建新文件。

② Input：读取文件中的数据内容。要求文件必须已经存在。

③ Append：向文件中写入数据。若指定的文件不存在，将自动建立一个新文件。它与 Output 的区别为：Output 方式的写，是将文件原有内容清除，从头再写；Append方式的写，是保留文件原有内容，从文件尾接着写。

（3）文件号：一个整型表达式，其值在 1～511，在操作文件时以该数字代替文件名。

Open 语句用法示例。

① 打开 C 盘 VB 文件夹下的顺序文件 A.dat，并准备将数据写入文件，指定文件号为 1。文件打开语句为：

```
Open "C:\VB\A.DAT" For Output As #1
```

② 将①中的顺序文件打开，并进行写操作，但保留原记录。

```
Open "C:\VB\A.DAT" For Append As #1
```

③ 将②中的顺序文件打开，指定文件号为 2，并准备读取文件中的数据。

```
Ch$="C:\VB\A.DAT"        '此例将文件名赋值给字符串变量 Ch
Open Ch For Input As #2
```

2. 文件的关闭

顺序文件的关闭都要使用 Close 语句。

格式：Close [文件号列表]

例如，

```
Close #1          '关闭 1 号文件
Close 2,3         '关闭 2 号和 3 号文件，可以省略#
Close             '关闭所有已经打开的文件
```

12.1.3 顺序文件的读写操作

向顺序文件中写数据的语句有 Print 语句和 Write 语句。从顺序文件读数据的语句有 Input 语句、Line Input 语句和 Input$函数。

1. Print 语句

格式：Print #文件号，[表达式列表]

功能：将数据写入顺序文件中。

说明：Print 语句的使用方法与 Print 方法一样。若省略表达式列表，则写入一个空行。例如，

```
Open "d:\abc.txt" For Output As #1
Print "abcd", 5 + 10, 4 < 5, Date        '在窗体上输出
Print
Print "abcd"; 5 + 10; 4 < 5; Date
Print #1, "abcd", 5 + 10, 4 < 5, Date    '在文件中输出
Print #1,
Print #1, "abcd"; 5 + 10; 4 < 5; Date
Close 1
```

程序运行后，在窗体上显示和文件 abc.txt 中的内容如图 12.1 所示。

图 12.1　Print 命令运行结果

2. Write 语句

格式：Write #文件号，[表达式列表]

功能：将数据写入顺序文件中。

说明：表达式列表是要写入文件的数据。若省略表达式列表，则表示写入一个空行。

Write 语句和 Print 语句的主要区别是：用 Write 语句向文件写入数据时，在数据项之间自动插入逗号。若为字符串数据，则给字符串加上双引号；若为日期或其他类型数据，自动加上"#"分隔。而 Print 语句写入数据时，系统不会自动添加分隔符。例如，

```
Open "d:\cba.txt" For Output As #3
Write #3, "abcd", 5 + 10, 4 < 5, Date
Write #3,
Write #3, "abcd"; 5 + 10; 4 < 5; Date
Close 1
```

程序运行后，文件 cba.txt 中的内容如图 12.2 所示。在使用 Write 语句写文件时，表达式之间用逗号或分号做分隔符作用是一样的。

3. Input 语句

格式：Input #文件号，[变量列表]

功能：从文件号指定的顺序文件中依次读取数据项，存入到变量列表中。字符型数据每项间以逗号或者回车符作为分隔；数值型数据每项间以逗号、空格或回车符作为分隔。

说明：变量列表中的变量类型应与文件中读取的数据类型相一致。例如，数据文件 d:\a.txt 中内容如图 12.3 所示。

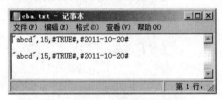

图 12.2　Write 命令运行结果

图 12.3　a.txt 中的内容

有如下程序段：

```
Open "d:\a.txt" For Input As #1
Input #1, c1,c2,c3,c4,c5,c6
Close
```

则读取到变量 c1 中的数据为字符串"a"，读取到 c2 中的数据为字符串"b c"，读取到 c3 中的数据为字符串"d;e"，读取到 c4 中的数据为整数 10，读取到 c5 中的数据为整数 20，读取到 c6 中的数据为整数 30。

4. Line Input 语句

格式：Line Input #文件号，[变量]

功能：以行为单位从文件号指定的顺序文件中读取数据，存入到变量中。

说明：从文件中读取的数据将作为一个字符串存储到变量中。例如，从图 12.3 所示

的 d:\a.txt 中读取数据。

有如下程序段：

```
Open "d:\a.txt" For Input As #1
Line Input #1, a
Line Input #1, b
Close
```

程序运行后，字符型变量 a 中为字符串"a,b c,d;e"，字符型变量 b 中为字符串"10,20,30"。

在读取顺序文件时，只要数据文件是文本文件形式即可，文件的扩展名可以为 txt，也可以为其他扩展名，如 dat 等。

5. Input$函数

格式：Input$(n,#文件号)

功能：返回从指定文件中读取的 n 个字符。n 为整型表达式。例如，若有数据文件 d:\b.dat，内容为字符串 abcdefghij。程序代码为：

```
Open "d:\b.dat" For Input As #5
x$ = Input$(6, 5)
Print x
Close #5
```

程序运行后，在窗体上显示：abcdef。

【例 12.1】　数值顺序文件操作。

项目说明：在 D 盘上有一个顺序文件 a.txt，该文件是由 25 个整数组成，两个数字间由空格分隔，如图 12.4 所示。通过顺序文件操作命令读取该文件，将所有数字读取到二维数组 arr(5,5)中，并在窗体上显示。

项目分析：打开文件后，利用 Input 语句逐项读取整数，将数字读取到二维数组中。

项目设计：新建工程，在窗体的 Click 事件内编写如下代码。

```
Private Sub Form_Click()
   Dim arr(5, 5) As Integer
   Open "d:\a.txt" For Input As #1
   For i = 1 To 5
     For j = 1 To 5
       Input #1, arr(i, j)
       Print arr(i, j);
     Next j
     Print
   Next i
   Close #1
End Sub
```

程序运行结果如图 12.5 所示。

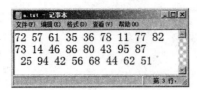

图 12.4　Num.txt 中的内容　　　　　图 12.5　例 12.1 运行结果

【例 12.2】　字符顺序文件操作。

项目说明：在 D 盘上有顺序文件 Char.txt，该文件由若干个英文单词组成，每个单词以空格分隔（最后一个单词后也有空格），如"This is a sequential file Now we will read it "。通过顺序文件操作命令读取该文件，将每个单词分别显示在列表框 List1 中，并将 List1 的内容存放在 D 盘下的 B.txt 中。运行界面如图 12.6 所示。

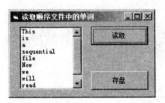

图 12.6　例 12.2 运行界面

项目分析：本例题中顺序文件中的单词是以空格为分隔符的，如果使用 Input 语句来读取，整个字符串都会读到一个变量中，所以只能使用 Input()函数按字符读取。当读取到空格时，说明一个单词结束，并将其添加到列表框中。

项目设计：

（1）创建界面：新建工程，在窗体上添加 1 个列表框，名称为 List1；添加 2 个命令按钮，名称分别为 Command1 和 Command2。Caption 属性设置如图 12.6 所示。

（2）编写代码。

```
Private Sub Command1_Click()
    Dim L%, word$, ch$
    Open "d:\Char.txt" For Input As #1
    L = LOF(1)                       '求文件的总长度（字符数），详见 12.1.6 节相关内容
    For i = 1 To L
        ch = Input(1, 1)             '每次读取一个字符
        If ch <> Space(1) Then       '读取到的字符不是空格就连接到变量 word 中
            word = word & ch
        Else
            List1.AddItem word       '读取到的字符是空格说明 word 已经是一个单词
            word = ""                '添加到列表框后，将变量 word 清空
        End If
    Next i
End Sub
Private Sub Command2_Click()
    Open "d:\b.txt" For Output As #2
    Last = List1.ListCount - 1               '将列表框最后一项的下标赋予变量 Last
    For i = 0 To Last
        Print #2, List1.List(i)
    Next i
    Close #2
End Sub
```

12.1.4　随机文件的打开与关闭

随机文件的打开要使用 Open 语句。

格式：Open <文件名> [For Random] As [#]文件号 [Len=记录长度]

说明：

（1）文件名、文件号的使用与顺序文件相同。

（2）For Random：指打开随机文件，可以读也可以写。VB 中缺省的文件打开方式打开随机文件。

（3）记录长度：是一个整型表达式，表示随机文件的记录长度（包含的字节数），默认为 128。随机文件中每条记录长度是固定的，所以一般来说都要加上 Len=记录长度。

Open 语句用法示例。

打开 D 盘上的随机文件 B.dat，作为 1 号文件，它的记录长度为 30 个字符。

```
Open "D:\B.dat" For Random As #1 Len=30
```

或

```
Open "D:\B.dat" As #1 Len=30
```

随机文件的关闭和顺序文件的关闭相同，都是使用 Close 语句。

12.1.5　随机文件的读写操作

随机文件的读写操作是按记录进行的，对随机文件进行操作时通常使用自定义类型的变量来存放读写的记录。自定义类型的定义参见 3.2.2 节。自定义类型变量中的各元素与随机文件记录中的各字段应相互匹配。随机文件的写操作用 Put 语句，读操作用 Get 语句。

1. Put 语句

格式：Put #文件号，[记录号]，变量

功能：将变量内容写入随机文件指定的记录中。该变量为自定义类型变量。

说明：若省略记录号，则将变量写入当前记录中。例如，

```
put #1,, s
```

表示将变量 s 的值写入到 1 号文件的当前记录中（记录指针所在记录）。

```
put #2, 5, s
```

表示将变量 s 的值写入到 2 号文件的第 5 号记录中。

2. Get 语句

格式：Get #文件，[记录号]，变量

功能：将随机文件中指定记录的内容读出到变量中。该变量为自定义类型变量。

说明：若省略记录号，则将当前记录的内容读出。例如，

```
Get #1, 5, s
```

表示将 1 号文件的 5 号记录的内容读出到变量 s 中，变量 s 应为记录类型。

```
Get #1,, s
```

表示将 1 号文件当前记录的内容读出到变量 s 中。

【例 12.3】　随机文件操作。

项目说明：在 D 盘有一个随机文件"学生信息表.DAT"，该文件是以随机文件方式存储的表 12.1 中的内容。要求在 VB 窗体中，单击"读数据"按钮时将文件的内容读出，并在文本框中显示出来，每条记录一行。

记录信息为：

"姓名"　　　字符型　　　8 位
"年龄"　　　整型
"专业"　　　字符型　　　10 位
"入学时间"　日期型

单击"保存"按钮，将文本框的内容保存在同文件夹下顺序文件"学生信息表.txt"中。运行界面如图 12.7 所示。

图 12.7　随机文件操作

项目分析：对随机文件操作时，需要根据题目所给字段信息在通用声明处定义一个自定义数据类型，然后定义该类型的变量，利用读随机文件命令 Get 取出文件中的记录到自定义类型的变量中，并在文本框中显示。

项目设计：

（1）创建界面：新建工程，在窗体上添加 1 个文本框，名称为 Text1，MultiLine 属性设置为 True；添加 2 个命令按钮，名称分别为 Command1 和 Command2；添加 4 个标签控件，各控件的 Caption 属性设置如图 12.7 所示。

（2）编写代码。

```
Private Type stud              '按照题目要求定义自定义数据类型 Stud
    姓名 As String * 8 '随机文件记录长度固定，所以字符型数据要使用定长字符串
    年龄 As Integer
    专业 As String * 10
    入学时间 As Date
End Type
Private Sub Command1_Click()
    Dim s As stud                      '定义变量 s 的数据类型为 Stud 型
    Open "d:\学生信息表.dat" For Random As #1 Len = Len(s)
    '打开文件，并使用 Len()函数求出记录长度
    For i = 1 To 5
        Get 1, i, s                    '每次循环读取 1 条记录到变量 s
        Text1 = Text1 & s.姓名          '将自定义类型的各字段显示在文本框中
```

```
        Text1 = Text1 & s.年龄
        Text1 = Text1 & s.专业
        Text1 = Text1 & s.入学时间
        Text1 = Text1 & vbCrLf        '每条记录最后使用符号常量 vbCrLf 换行
    Next i
    Close #1
End Sub
Private Sub Command2_Click()
    Open"d:\学生信息表.txt" For Output As #2
    Print #2, Text1.Text              '将文本框的所有内容写入顺序文件
    Close #2
End Sub
```

随机文件"学生信息表.dat"不是文本格式，双击打开时看不到数据内容；顺序文件"学生信息表.txt"是文本文件，双击打开时可以启动记事本等程序打开，并可以查看到所有记录的内容。

12.1.6　文件操作中常用的语句和函数

1. 文件指针

文件打开后，系统会自动生成一个指针（隐含），文件的读写就是从这个指针位置开始的。若文件是以 Append 方式打开，则文件指针指向文件尾。若文件是以 Input、Output、Random 方式打开，则文件指针指向文件开始位置（文件头）。当文件经过一次读或写操作后，文件指针会自动移到下一个读写操作的位置。例如，若有数据文件 d:\b.dat，内容为字符串 abcdefghij。程序代码为：

```
Open "d:\b.dat" For Input As #5
x = Input$(3, 5)
y = Input$(3, 5)
Close #5
```

程序运行后，变量 x 的内容为字符串"abc"，变量 y 的内容为字符串"def"。

打开文件 b.dat 后，文件指针指向文件的开始位置，第 1 次用 Input 函数读取文件时，将从开始位置的前 3 个字符赋予了变量 x，即"abc"，此时文件指针在字符"d"之前，所以第 2 次再使用 Input 函数要求读取 3 个字符时，即读取了"def"到变量 y 中。

2. 常用语句与函数

（1）EOF 函数。

格式：EOF(文件号)

功能：用来测试文件是否结束。返回值为逻辑值。

说明：对于顺序文件，若已到文件尾，则返回 True；否则，返回 False。对于随机文件，当无法读到最后一条记录的全部数据时，返回 False。

（2）LOF 函数。

格式：LOF(文件号)

功能：该函数的返回值为文件所包含的字节数，即文件的长度。

（3）Loc 函数。

格式：Loc(文件号)

功能：对于随机文件，Loc 函数返回文件读写当前记录的记录号。对于顺序文件，Loc 函数返回读写的记录个数。

（4）FreeFile 函数。

格式：FreeFile()

功能：返回空闲的最小文件号。

说明：当应用程序打开的文件较多时，可利用此函数自动查找还未被使用的文件号。

（5）Seek 函数。

格式：Seek(文件号)

功能：Seek 函数用来返回当前文件指针的位置。

（6）Seek 语句。

格式：Seek #文件号，位置

功能：Seek 语句用来将文件指针定位到指定的位置。

说明：位置是一个数值表达式。对于顺序文件，位置是从文件开头到指定位置的字节数；对于随机文件，位置是指定的记录号。

3. 全局对象 App 的 Path 属性

当访问一个数据文件时，要明确该文件所在路径才能打开文件，进行读写操作。但是当某个工程所需要访问的数据文件的路径不确定，就不能采用类似"D:\a.dat"这种绝对路径表示方法。VB 中设有一个全局对象 App，指代工程本身，例如，App.Title 属性保存工程的名称，App.PrevInstance 属性可以判断出该工程是否已经运行等。

App.Path 属性可以返回工程所在位置，即当前文件夹。如果数据文件和工程文件在同一个文件夹内，使用 App.path & "\数据文件名"可以表示数据文件的路径。例如，在某文件夹中有 1 个 VB 工程，该文件夹中有 1 个图片文件"a.jpg"，1 个顺序文件"temp.txt"，那么可以使用如下语句访问这两个数据文件。

```
Form1.Picture = LoadPicture(App.Path & "\a.jpg")
Open App.Path & "\temp.txt" For Input As #1
```

使用这样的路径描述，无论工程文件所在文件夹转移到任何位置，都可以访问到数据文件；而使用绝对路径描述，如"d:\ab\temp.txt"，一旦数据文件所在路径发生改变，则无法访问数据文件。

12.2　文件系统控件

VB 提供了一组文件系统控件来帮助用户管理磁盘文件和目录。文件系统控件包括驱动器列表框（DriveListBox）、目录列表框（DirListBox）和文件列表框（FileListBox），如图 12.8 所示。

12.2.1　驱动器列表框

驱动器列表框实质上是一个下拉式列表框，用户可以在它的列表框中选择驱动器盘符。在组合框顶部的驱动器名是当前驱动器，如图 12.9 所示。

　　　　文件列表框
　　　　目录列表框　　　　　　　　　　　驱动器列表框

图 12.8　工具箱中的文件系统控件　　　　　　图 12.9　驱动器列表框

1. 常用属性

驱动器列表框的最常用的属性是 Drive 属性，它不能在属性窗口中设置，只能通过程序代码来进行设置。在程序运行时，可以在代码中通过 Drive 属性来获得当前的驱动器名，也可以通过设置 Drive 属性来改变当前驱动器。Drive 属性的设置方法如下。

格式：驱动器列表框名称. Drive=驱动器名

例如，假设驱动器列表框控件的名称属性为 Drive1，如下命令可以在窗体中显示当前驱动器名。

```
Print Drive1.Drive
```

2. 常用事件

Change 事件：在程序运行时，每次用户改变驱动器列表框中的驱动器，即 Drive 属性的值，都将触发驱动器列表框的 Change 事件。

12.2.2　目录列表框

目录列表框是操作指定驱动器下目录的一个列表框，它的作用是显示当前驱动器上的目录结构，如图 12.10 所示。

1. 常用属性

目录列表框的最常用的属性是 Path 属性，用于设置和返回在列表框中所选目录的路径，该属性同样不能在属性窗门中设置，只能在代码中设置。

格式：目录列表框名称.Path=路径字符串

例如，假设目录列表框的名称属性为 Dir1，下面命令用来将 C 盘的 Program Files 文件夹设置为当前路径。

```
Dir1.path=" C:\Program Files "
```

2. 常用事件

Change 事件：在程序运行时，每次用户改变目录列表框中的路径，即改变 Path 属性值时，都将触发目录列表框的 Change 事件。

12.2.3 文件列表框

文件列表框是操作指定目录下文件的一个列表框，如图 12.11 所示。

图 12.10　目录列表框　　　　　　图 12.11　文件列表框

1. 常用属性

（1）Path 属性：用来指定和返回当前目录，即文件列表框中显示哪个路径下的文件。

（2）Pattern 属性：用于设置和返回文件列表框中显示文件的类型，默认值为所有文件（*.*）。例如，假设文件列表框名称属性为 File1，要在文件列表框中只显示所有的 DOC 文件，在程序运行中执行命令为：

```
File1.Pattern = "*.DOC"
```

（3）FileName 属性：用来设置和返回某个选定的文件名（不包括路径）。当用户单击文件列表框中的某个文件时，将该文件名赋给文件列表框的 Filename 属性。

（4）ListCount 属性：返回文件列表框中当前显示的文件个数。

（5）ListIndex 属性：返回和设置文件列表框中所选项的索引值。

（6）List 属性：保存文件列表框中所有项的数组。

2. 常用事件

文件列表框中常用的事件是 DblClick 事件和 Click 事件。

（1）DblClick 事件：双击文件列表框中的文件时触发 DblClick 事件。

（2）Click 事件：单击文件列表框中的文件时触发 Click 事件。

12.2.4 文件系统控件的应用

【例 12.4】　利用驱动器列表框、目录列表框和文件列表框，实现文件管理的例子。

项目说明：驱动器列表框、目录列表框和文件列表框常常配合使用来显示目录结构和文件名。更改驱动器时，目录列表框和文件列表框中的路径发生变化；更改目录列表框时，文件列表框中的路径发生变化；单击某个文件名，该文件显示在文本框中。程序运行结果如图 12.12 所示。

图 12.12 文件系统控件同步操作

项目分析：要实现驱动器列表框、目录列表框和文件列表框的配合使用，关键在于实现 3 个列表框之间属性值的传递。

项目设计：

（1）创建界面：新建工程，在窗体上加入驱动器列表框 Drive1、目录列表框 Dir1、文件列表框 File1、标签 Label1 和文本框 Text1。将标签的 Caption 属性值改为"所选文件"，将文本框 Text1 的 Text 属性值清空。

（2）编写代码。

```
Private Sub Drive1_Change()
    Dir1.Path = Drive1.Drive       '使目录列表框与驱动器列表框同步
End Sub
Private Sub Dir1_Change()
    File1.Path = Dir1.Path         '使文件列表框与目录列表框同步
End Sub
Private Sub File1_Click()
    '单击文件列表框显示所选文件路径和文件名
    Text1 = File1.Path & "\" & File1.FileName
End Sub
```

本 章 小 结

本章介绍了 VB 中的文件系统控件和文件的操作。文件是指存放在外部介质上的以文件名标识的数据集合。文件由记录组成，记录由字段组成，字段由不同类型的数据组成。在文件操作中主要介绍顺序文件和随机文件的概念，打开、关闭和读写文件的操作以及与文件读写操作有关的语句、函数。文件系统控件用来帮助用户管理磁盘文件和目录。在文件系统控件中，介绍了驱动器列表框（DriveListBox）、目录列表框（DirListBox）和文件列表框（FileListBox）的属性和事件。

习 题

一、选择题

1. 顺序文件是_____。

A. 文件中每条记录的记录号按照从小到大顺序排列

B. 文件中每条记录的长度按照从小到大顺序排的

C. 文件中按记录的某关键数据项从小到大顺序排列

D. 记录是按照进入的先后顺序排列的，读出也要按照原写入顺序读出

2. 随机文件是_____。

A. 文件的内容是通过随机数产生的

B. 文件的记录号是通过随机数产生的

C. 可以对文件中的记录根据记录号随机地读写

D. 文件的每条记录和长度是随机的

3. 下列可以打开随机文件的语句是_____。

A. Open "file 1 .dat" For Input As＃1

B. Open "file 1 .dat" For Append As＃1

C. Open "file1.dat" For Output As＃1

D. Open "file1.dat" For Random As＃1 Len=20

4. 记录类型定义语句出现在_____。

A. 窗体模块　　　　　　　　　　　B. 标准模块

C. 窗体模块、标准模块都可以　　　D. 窗体模块、标准模块都不可以

5. 以下叙述中正确的是_____。

A. 一个记录中所包含的各个元素的数据类型必须相同

B. 随机文件中每个记录的长度是固定的

C. Open 命令的作用是打开一个已经存在的文件

D. 使用 Input #语句可以从随机文件中读取数据

6. 在磁盘 C 的根目录下有 1 个名为 Sco.dat 的文件，内容为姓名、英语成绩、物理成绩、数学成绩，现依此文件在根目录中建立 1 个名为 Aver.dat 的文件，内容为姓名及 3 门课的平均成绩，但程序不完整，请填空。

```
Open "C:\Sco.dat" For Input As #3
Open "C:\Aver.dat" For Output As #2
While ____
   Input #3, na, eng, phy, Math
   Write #2, na, (eng + phy + Math) / 3
Wend
Close
```

A. EOF(3)　　　　B. Not EOF(3)　　　　C. EOF(2)　　　　D. Not EOF(2)

7. 要建立一个学生成绩的随机文件，如下定义由学号、姓名以及 3 门课程的成绩组成的自定义类型数据，以下正确的定义是_____。

A. Type stud　　　　　　　　　　B. Type stud
  no As Integer　　　　　　　　　no As Integer
  name As String　　　　　　　　name As String*10
  mark(1 to 3) As Single　　　　mark(3) As Single
 End Type　　　　　　　　　　　End Type

C. Type stud
   no As Integer
   name As String*10
   mark(1 to 3) As Single
  End Type

D. Type stud
   no As Integer
   name As String
   mark(1 to 3) As String
  End Type

8．为了将表达式列表中的数据写入顺序文件，所使用的语句的格式为_____。

A．Print #文件号 [表达式列表]　　　　　B．Print #文件号 ,[表达式列表]

C．Print [表达式列表] ,#文件号　　　　　D．Print [表达式列表] #文件号

9．执行语句 Open "C:\Stu.dat" For Input As #2 以后，系统_____。

A．将 C 盘下名为 Stu.dat 的文件内容读入内存

B．在 C 盘下建立名为 Stu.dat 的顺序文件

C．将内存数据放在 C 盘下的 Stu.dat 的文件中

D．将某个磁盘文件的内容写入 C 盘下的 Stu.dat 文件中

10．要使目录列表框 Dir1 中的目录随着驱动器列表框 Drive1 中所选择的当前驱动器的不同而同时发生变化，则应该_____。

A．在 Dir1 的 Change 事件中，书写语句 Dir1.Drive=Drive1.Drive

B．在 Dir1 的 Change 事件中，书写语句 Dir1.Path=Drive1.Drive

C．在 Drive1 中的 Change 事件中，书写语句 Dir1.Path=Drive1.Drive

D．在 Drive1 中的 Change 事件中，书写语句 Dir1.Drive=Drive1.Drive

11．在打开文件时，默认的文件打开方式是_____。

A．Output　　　　　B．Random　　　　　C．Input　　　　　D．Append

12．文件列表框的 Pattern 属性的作用是_____。

A．显示当前驱动器或者指定驱动器上的目录结构

B．显示当前驱动器或者指定驱动器上某目录下的文件名

C．显示某一类型的文件

D．显示该路径下的文件

13．下面_____不是 VB 的文件类控件。

A．DriveListBox　　B．MsgBox　　　　C．DirListBox　　　　D．FileListBox

14．目录列表框的 Path 属性的作用是_____。

A．显示当前驱动器或指定驱动器上的目录结构

B．显示当前驱动器或指定驱动器上的某目录下的文件名

C．显示根目录下的文件名

D．显示指定路径下的文件

二、填空题

1．使用 Line Input 语句从顺序文件读取数据时，每次读出一行数据。一行数据是指遇到_____分隔符，即认为一行结束。

2．在用 Open 语句打开一个文件时，如果省略"For"关键字，则打开的文件的默认方式为_____方式。

3．打开顺序文件时，以＿＿＿＿方式打开，目的是将内容写入文件的末尾，不会影响文件原有的部分。

4．以下程序的功能是：把顺序文件 smtext1.txt 的内容读入到内存，并在文本框 Text1 中显示出来。请填空。

```
Private Sub Command1_Click()
    Dim data As String
    Text1.Text = ""
    Open "abtext1.txt"   [1]   AS   [2]
    Do While   [3]
        Input #2, data
        Text1 = Text1 & data
    Loop
    Close #2
End Sub
```

第 13 章 通用对话框设计

学习目标与要求：

● 掌握对话框的作用和分类。
● 熟练掌握通用对话框的常用属性和方法。
● 熟练掌握利用不同类型的通用对话框实现程序功能的方法。
● 了解自定义对话框的应用。

13.1 对话框概述

对话框（DialogBox）是一种特殊类型的窗体。它主要通过向用户显示信息和获取用户提交的信息与用户进行交流，实现用户与系统"对话"的操作，是应用程序界面的重要组成部分。

13.1.1 对话框的分类

VB 中的对话框分为 3 种类型，即预定义对话框、自定义对话框和通用对话框。

1. 预定义对话框

预定义对话框是系统预先定义好的对话框，VB 提供了两种预定义对话框，即输入框和输出框（也称消息框），通过调用相应的系统函数 InputBox 和 MsgBox 即可建立这两种对话框。预定义对话框在各种应用程序中的应用非常普遍。

2. 通用对话框

通用对话框是一种控件，用于创建 Windows 中具有标准界面和使用方法的公共对话框，如文件选择对话框、颜色选择对话框、字体选择对话框等。在 VB 中，能够实现 6 种不同类型的通用对话框功能，即打开（Open）、另存为（Save As）、颜色（Color）、字体（Font）、打印（Print）和帮助（Help）对话框。

3. 自定义对话框

预定义对话框和通用对话框建立方便，但功能上都是系统预先定义好的，有一定限制，无法满足复杂的需要，用户可以根据需要建立自己的对话框，这种对话框叫做自定义对话框。通过在一个窗体上放置控件，构成用户与系统对话的界面，就构成了自定义对话框。自定义对话框的设计和窗体设计相似，本章不进行讨论。

13.1.2　对话框的特点

对话框是用户和程序进行数据交换的一种窗体，相对于普通窗体而言，它又有其自身的特点，主要体现在以下几个方面。

（1）用户一般不需要改变对话框的大小，因此其边框是固定的。

（2）对话框中通常没有最大化按钮、最小化按钮和控制菜单框。

（3）对话框中一般有"确定"、"取消"等类似按钮。程序运行时，当单击"确定"等按钮，表示对话框中的设置或输入有效；当单击"取消"等按钮，表示对话框中的设置或输入无效。

（4）对话框中控件的属性一般在设计阶段设置，但在特殊情况下，需要在程序运行时根据运行情况进行设置。

13.2　通用对话框

13.2.1　添加通用对话框控件

通用对话框是一种 ActiveX 控件，在缺省情况下，在工具箱中没有"通用对话框"（CommonDialog）控件。在使用"通用对话框"之前，必须先将其添加到工具箱中，操作步骤如下。

（1）选择"工程｜部件"命令，或在工具箱上右击，在弹出的菜单中选择"部件"命令，打开如图 13.1 所示"部件"对话框。

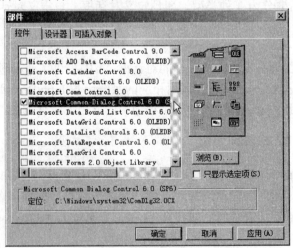

图 13.1　"部件"对话框

（2）在部件对话框中选择"控件"选项卡，然后在控件列表中选中"Microsoft Common Dialog Control 6.0"（使前面的复选框处于选中状态）。

（3）单击"确定"按钮，通用对话框被添加到了工具箱中。

通用对话框控件添加到工具箱后，就可以在工具箱中看到 CommonDialog 控件，在窗体上添加通用对话框控件的方法和添加其他控件一样。添加的通用对话框以图标▨的方式显示在窗体中。该图标不能改变大小，程序运行时不可见，类似于计时器控件。

13.2.2　通用对话框的基本属性和方法

1. 属性

通用对话框可以显示为"打开"、"字体"等 6 种不同类型的对话框，每一种对话框都有自己特有的属性，这些属性可以在属性窗口中进行设置，也可以在程序中用代码设置。以下是通用对话框的基本属性。

（1）Action 属性。该属性用来设置通用对话框显示的类型，其值为数值型。

① 0：无对话框显示。

② 1：显示"打开"（Open）对话框。

③ 2：显示"另存为"（Save As）对话框。

④ 3：显示"颜色"（Color）对话框。

⑤ 4：显示"字体"（Font）对话框。

⑥ 5：显示"打印"（Print）对话框。

⑦ 6：显示"帮助"（Help）对话框。

另外，该属性不能在属性窗口内设置，只能在程序中使用代码进行设置。例如，

```
CommonDialog1.Action=1
```

此语句设置对话框类型为"打开"对话框，其中 CommonDialog1 为通用对话框名称。

（2）DialogTitle 属性。该属性用来设置对话框标题，其值为字符串型。不同类型的对话框都有自己的默认标题，例如，"打开"对话框的默认标题是"打开"，"另存为"对话框的默认标题是"另存为"。如果需要改变标题，可以在属性窗口更改 DialogTitle 属性的值或者在程序中使用代码设置。例如，

```
CommonDialog1.DialogTitle = "打开文件"
```

（3）CancelError 属性。该属性用来设置当用户按下"取消"按钮时是否显示出错信息，其值为逻辑型。

① True：单击"取消"按钮时，将显示出错信息。

② False：单击"取消"按钮时，将不显示出错信息，为系统缺省设置。

该属性值在属性窗口及程序中均可设置。

2. 方法

除了使用 Action 属性来设置通用对话框的显示类型外，VB 还提供了一组方法设置其显示类型。

（1）ShowOpen：通用对话框显示为"打开"对话框。

（2）ShowSave：通用对话框显示为"另存为"对话框。

（3）ShowColor：通用对话框显示为"颜色"对话框。

（4）ShowFont：通用对话框显示为"字体"对话框。

（5）ShowPrinter：通用对话框显示为"打印"对话框。
（6）ShowHelp：通用对话框显示为"帮助"对话框。
例如，

```
CommonDialog1. ShowColor          '显示对话框类型为"颜色"对话框
```

13.3　通用对话框的使用

13.3.1　打开（Open）对话框

显示"打开"对话框的方法有两种：调用通用对话框的 ShowOpen 方法，或者将通用对话框的 Action 属性值设为 1。例如，通用对话框的名称为 CommonDialog1，则可以使用如下代码。

```
CommonDialog1.Action=1
```

或

```
CommonDialog1.ShowOpen
```

"打开"对话框如图 13.2 所示。利用"打开"对话框，在应用程序中可以实现选择路径以及打开文件的操作。

图 13.2　"打开"对话框

"打开"对话框常用属性如下。

1.　FileName 属性

该属性值为字符串型，用来设置或返回要打开文件的路径及文件名。当在"打开"对话框中选中一个文件并单击"打开"按钮时，选中的文件名即作为 FileName 属性值返回。注意，此返回值是一个包含路径名和文件名的字符串。

2. FileTitle 属性

该属性值为字符串型，用于返回或设置用户选中的文件名。当用户在对话框中选中所要打开的文件时，该属性就立即得到了该文件的文件名。与 FileName 属性不同的是，FileTitle 的属性值中只有文件名，不包含路径名。

例如，当在"打开"对话框中选择了路径"C:\Program Files\Tencent\QQ"下的文件"QQ.exe"时，FileName 属性值为"C:\Program Files\Tencent\QQ\QQ.exe"，而 FileTitle 属性值为文件名"QQ.exe"。

3. Filter 属性

用于设置在对话框中显示的文件类型。用该属性可以设置多个文件类型，供用户在对话框的"文件类型"下拉列表框中选择。属性值由一对或多对文本字符串组成，每对字符串用管道符"|"隔开，在管道符"|"前面的部分称为描述符，是对文件类型的说明；后面的部分称为"过滤器"，每个过滤器指定了一种在对话框中显示的文件类型，过滤器一般由通配符和文件扩展名组成。

例如，

```
CommonDialog1.Filter="文本文件(*.TXT)|*.txt"
```

表示在文件列表框中显示扩展名为.txt 的文件，即文本文件。

又如，

```
CommonDialog1.Filter = "所有文件(*.*)|*.*|文本文件(*.TXT)|*.txt"
```

此语句表示在对话框中可以显示的文件类型有两种：所有文件和文本文件。这两种文件类型将显示在"文件类型"下拉列表框中，如图 13.3 所示。

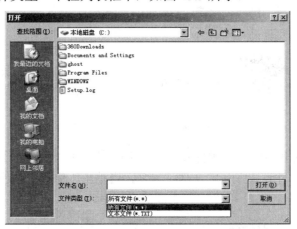

图 13.3　设置"打开"对话框的 Filter 属性

4. FilterIndex 属性

返回用户在文件类型列表框中选中选项的序号，即过滤器的序号，其值为整型。用Filter 属性设置了多个过滤器后，每个过滤器都有一个序号，第 1 个过滤器的序号为 1，第 2 个过滤器的序号为 2，以此类推。如在图 13.3 对话框中，如果要将"文本文件 (*.TXT)"设为默认文件类型，则 FilterIndex 的属性值应该设置为 2。

5. InitDir 属性

该属性值为字符串型，用来指定"打开"对话框中的初始路径。若没有设置该属性，则显示当前路径。该属性可以在属性窗口设置，也可以在程序中使用代码设置，使用代码设置时应写在对话框显示语句之前。

13.3.2 另存为（Save As）对话框

通过调用对话框的 ShowSave 方法或将通用对话框的 Action 属性值设置为 2，可以显示"另存为"对话框。例如，

```
CommonDialog1.Action=2
```

或

```
CommonDialog1.ShowSave
```

"另存为"对话框如图 13.4 所示。当用户需要存储文件时可以利用这一窗口，实现路径和文件名的选择或键入。

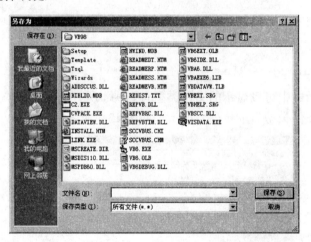

图 13.4　"另存为"对话框

"另存为"对话框的属性和"打开"对话框的属性基本相同。不同的是，可以通过 DefaultExt 属性为文件设置默认的文件扩展名，当单击"保存"按钮时，会自动给文件名加上扩展名，其值是由 1～3 个字符组成的字符串。

13.3.3　颜色（Color）对话框

当调用对话框的 ShowColor 方法或设置其 Action 属性值为 3 时，将显示供用户选择颜色的"颜色"对话框。例如，

```
CommonDialog1.Action=3
```

或

```
CommonDialog1.ShowColor
```

"颜色"对话框如图 13.5 所示。

"颜色"对话框最主要的属性为 Color 属性，用于返回选定的颜色值。当用户在颜色对话框中选中某种颜色时，该颜色值将赋给对话框的 Color 属性。

13.3.4　字体（Font）对话框

当调用 ShowFont 方法或设置通用对话框的 Action 属性值为 4 时，将显示"字体"对话框。例如，

```
CommonDialog1.Action=4
```

或

图 13.5　"颜色"对话框

```
CommonDialog1.ShowFont
```

"字体"对话框如图 13.6 所示。该对话框可以设置文本的字体、样式、大小、颜色等。

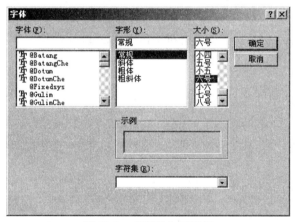

图 13.6　"字体"对话框

"字体"对话框的常用属性如下。

1. FontName 属性

该属性返回用户选定的字体名称。

2. FontSize 属性

该属性返回用户选定的字体大小。

3. FontBold、FontItalic、FontStrikethru 和 FontUnderline 属性

这些属性均为逻辑型，当它们的值是 True 时，分别表示设置字体为粗体、斜体、带有删除线和下划线。

4．Min、Max 属性

这两个属性用于设定用户在"字体"对话框中所能选择字号的最小值和最大值，即用户只能在此范围内选择字号，该属性以点（Point）为单位（一个点的高度是 1/72 英寸）。

5．Flags 属性

该属性用来设置字体对话框的选项。Flags 属性设置如表 13.1 所示。

表 13.1　"字体"对话框 Flags 属性设置值

常　数	值	说　明
cdlCFScreenFonts	&H1	显示屏幕字体
cdlCFPrinterFonts	&H2	显示打印机字体
cdlCFBoth	&H3	显示打印机字体和屏幕字体
cdlCFEffects	&H100	在"字体"对话框显示删除线和下划线检查框以及颜色组合框

需要注意的是，在显示"字体"对话框之前必须将 Flags 属性设置为 cdlCFScreenFonts、cdlCFPrinterFonts 或 cdlCFBoth 中的一个，否则将发生字体不存在的错误。

13.3.5　打印（Print）对话框

当调用 ShowPrint 方法或设置通用对话框的 Action 属性值为 5 时，将显示"打印"对话框。例如，

```
CommonDialog1.Action=5
```

或

```
CommonDialog1.ShowPrinter
```

"打印"对话框如图 13.7 所示。

图 13.7　"打印"对话框

"打印"对话框的常用属性如下。

1. Copies（复制份数）属性

该属性值为整型，用来指定打印份数，默认值为 1。

2. FromPage（起始页号）、ToPage（终止页号）属性

该属性用来设置并存放用户指定的打印起始页号和终止页号，其值为整型。

13.3.6 帮助（Help）对话框

当调用 ShowHelp 方法或设置通用对话框的 Action 属性值为 6 时，将显示"帮助"对话框，通过"帮助"对话框可以显示帮助信息。

帮助对话框不能制作应用程序的帮助文件，若要制作帮助文件需要使用 Microsoft Windows Help Compiler，即 Help 编辑器。生成帮助文件以后可直接在界面上利用帮助对话框窗口为应用程序提供在线帮助。

"帮助"对话框常用属性如下。

1. HelpCommand 属性

该属性用于返回或设置所需要的在线 Help 帮助类型。

2. HelpFile 属性

该属性用于指定 Help 文件的路径及其文件名称。

3. HelpKey 属性

该属性用于设置帮助主题的关键字。例如，如果想在 Help 窗口中显示 VB.HLP 的 Common Dialog Control 语句的帮助，那么应按如下要求设置属性。

```
CommonDialog1.HelpCommand=vbHelpContents
CommonDialog1.HelpFile="VB.HLP"
CommonDialog1.HelpKey="Common Dialog Control"
CommonDialog1.Action=6
```

4. HelpContext 属性

该属性用来返回或设置所需要的帮助主题的上下文文件号（ID），一般与 HelpCommand 属性（设置为 vbHelpContents）一起使用，指定要显示的帮助主题。

13.3.7 通用对话框综合应用

【**例 13.1**】 利用通用对话框控件，编写简单的文本文件编辑程序，窗体设计如图 13.8 所示。

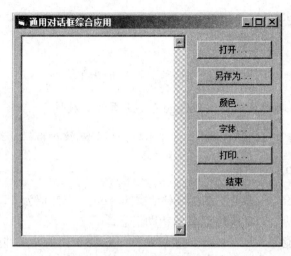

图 13.8　文本编辑程序界面

项目说明：程序运行时，文本框的内容为空，单击"打开…"按钮，会显示"打开"对话框，在"打开"对话框中选择某个文本文件并打开时，则文本文件的内容会在文本框中显示出来；单击"另存为…"按钮，显示"另存为"对话框，能够将文本框的内容保存在一个文本文件中，保存文件的默认名称为 Default.Txt；单击"颜色"按钮，显示"颜色"对话框，可以选择文本框中的文字颜色；单击"字体"按钮，显示"字体"对话框，可以选择文本框中文字的字体、字号等；单击"打印"按钮，可以显示"打印"对话框；单击"结束"按钮，退出程序。

项目分析：本程序中用到了对话框实现相应的功能，所以，应向工程中添加一个通用对话框控件，在各命令按钮的 Click 事件过程中，通过控制其属性或方法以打开不同类型的对话框。另外，应设置文本框的 MultiLine 及 ScrollBars 属性，以允许多行文本以及显示滚动条。

项目设计：

（1）创建界面：新建工程，在窗体适当位置添加 1 个文本框，1 个通用对话框控件和 6 个命令按钮。

（2）设置属性：窗体以及控件的属性设置如表 13.2 所示。

表 13.2　控件属性

对　象	属　性	属　性　值
Form	Name	FrmNoteEdit
	Caption	通用对话框综合应用
TextBox	Name	TxtNoteEdit
	MultiLine	True
	ScrollBars	2—Vertical
CommonDialog	Name	CD1
	FileName	*.Txt
	InitDir	C:\
	Filter	Text Files(*.Txt)|*.txt|All Files(*.*)|*.*
CommandButton	Name	CmdOpen
	Caption	打开…

续表

对　　象	属　性	属　性　值
CommandButton	Name Caption	CmdSaveas 另存为...
CommandButton	Name Caption	CmdColor 颜色...
CommandButton	Name Caption	CmdFont 字体...
CommandButton	Name Caption	CmdPrint 打印...
CommandButton	Name Caption	CmdQuit 结束

（3）编写代码。

```
Private Sub CmdOpen_Click()
    Cd1.InitDir = "d:\"
    Cd1.Action = 1                          '打开"打开"对话框
    If Cd1.FileName = "" Then Exit Sub
    TxtNoteEdit.Text = ""
    Open Cd1.FileName For Input As #1
    Do While Not EOF(1)
      Line Input #1, inputdata
      TxtNoteEdit.Text=TxtNoteEdit.Text+inputdata+Chr(13)+Chr(10)
    Loop
    Close #1
End Sub
Private Sub CmdSaveAs_Click()
    Cd1.FileName = "Default.Txt"            '设置缺省文件名
    Cd1.DefaultExt = "Txt"                  '设置缺省扩展名
    Cd1.Action = 2                          '打开"另存为"对话框
    Open Cd1.FileName For Output As #2      '打开文件供写入数据
    Print #2, TxtNotcEdit.Tcxt             '将数据写入文件
    Close #2
End Sub
Private Sub Cmdcolor_Click()
    Cd1.Action = 3 '打开颜色对话框
    TxtNoteEdit.ForeColor = Cd1.Color       '设置文件框前景颜色
End Sub
Private Sub CmdFont_Click()
    Cd1.Flags = cdlCFBoth
    Cd1.Action = 4                          '打开"字体"对话框
    TxtNoteEdit.FontName = Cd1.FontName
    TxtNoteEdit.FontSize = Cd1.FontSize
    TxtNoteEdit.FontBold = Cd1.FontBold
    TxtNoteEdit.FontItalic = Cd1.FontItalic
```

```
    TxtNoteEdit.FontStrikethru = Cd1.FontStrikethru
    TxtNoteEdit.FontUnderline = Cd1.FontUnderline
End Sub
Private Sub CmdPrint_Click()
    Cd1.Action = 5                              '打开"打印"对话框
    For i = 1 To Cd1.Copies
        Printer.Print TxtNoteEdit.Text          '打印文本框中的内容
    Next i
    Printer.EndDoc                              '结束文档打印
End Sub
Private Sub CmdQuit_Click()
    End
End Sub
```

本 章 小 结

　　本章主要介绍了程序设计中重要的人机交互界面——对话框的创建和使用。在 VB 中，对话框被分为不同的 3 大类型，预定义对话框、自定义对话框和通用对话框。其中通用对话框是本章的重点，利用通用对话框可以实现程序中绝大多数比较常用的人机交互功能。其中"打开"和"另存为"对话框中知识点较多，主要是各种常用属性的含义以及使用方法，需要特殊注意。另外，利用通用对话框作为过渡，可以实现一些较复杂的程序，结合前面章节学习的内容，学生应加以重视，灵活掌握。

习 题

一、选择题

1. VB 的对话框分为 3 类，这 3 类对话框是_____。
   A．输入对话框、输出对话框和信息对话框
   B．预定义对话框、自定义对话框和文件对话框
   C．预定义对话框、自定义对话框和通用对话框
   D．函数对话框、自定义对话框和文件对话框
2. 对话框关闭之前，不能进行其他操作，这种对话框是_____。
   A．输入对话框　　B．输出对话框　　C．模式对话框　　D．无模式对话框
3. 要将通用对话框控件添加到工具箱中，应该在"部件"对话框中选择_____选项。
   A．Microsoft ADO Control 6.0
   B．Microsoft Chart Control 6.0
   C．Microsoft Common Dialog Control 6.0
   D．Microsoft DataGrid Control 6.0
4. 设窗体上有一个通用对话框控件 CD1，希望在执行下面程序时，出现"打开"对话框，并且显示文本文件。

```
Private Sub Command1_Click()
    CD1.DialogTitle="打开文件"
    CD1.InitDir="C:\"
    CD1.Filter="所有文件|*.*|Word 文档|*.doc|文本文件|*.Txt"
    CD1.FileName=""
    CD1.Action=1
    If CD1.FileName="" Then
        Print"未打开文件"
    Else
        Print"要打开文件"& CD1.FileName
    End If
End Sub
```

但实际显示的对话框中列出了"C:\"下的所有文件和文件夹,"文件类型"一栏中显示的是"所有文件"。下面的修改方案中正确的是_____。

A．CD1.Action=1 改为 CD1.Action=2

B．把"CD1.Filter="后面字符串中的"所有文件"改为"文本文件"

C．在语句 CD1.Action=1 的前面添加：CD1.FilterIndex=3

D．把 CD1.FileName=""改为 CD1.FileName="文本文件"

5．使用通用对话框控件时，要在打开的对话框的标题栏上显示"保存文件"，应该修改通用对话框的_____属性。

A．DialogTitle　　　　B．FileName　　　　C．FileTitle　　　　D．FontName

6．在通用对话框显示为"打开"或者"另存为"对话框时，如需对话框中列出的文件类型是"Word 文档"，即 doc 类型文件，则需将 Filter 属性设置为_____。

A．Word 文档 | *.doc

B．Word 文档 | .Doc

C．Word 文档 || *.doc

D．Word 文档 || .Doc

7．在窗体上建立一个通用对话框，名称为 CD1，下面_____语句与 CD1.ShowColor 等价。

A．CD1.Action=2

B．CD1.Action=3

C．CD1.Action=4

D．CD1.Action=5

8．以下语句正确的是_____。

A．CommonDialog1.Filter=全部文件|*.*|图片文件|*.BMP

B．CommonDialog1.Filter="全部文件"|"*.*"|"图片文件"|"*.BMP"

C．CommonDialog1.Filter="全部文件|*.*|图片文件|*.BMP"

D．CommonDialog1.Filter={全部文件|*.*|图片文件|*.BMP}

二、填空题

1．为了让一个通用对话框 CommonDialog1 显示为"颜色"对话框，需要在代码中写 CommonDialog1. [1] =3。

2．窗体上画一个通用对话框，名称为 CD1，然后画一个命令按钮，在按钮的单击事件中编写以下代码：

```
CD1.Filter="All Files(*.*)|*.*|Text files|*.txt|Bit Map|*.bmp"
CD1.FilterIndex=1
CD1.ShowOpen
MsgBox CD1.FileName
```

程序运行后，单击命令按钮，将显示一个　[2]　对话框，此对话框的文件类型中显示的是　[3]　，如果在对话框中选择 d 盘 abc 目录下的 note.txt 文件，单击"确定"按钮后，消息框中出现的提示信息为　[4]　。

3．在窗体上有一个名称为 CD1 的通用对话框，一个名称为 text1 的文本框和一个命令按钮。执行程序时，单击命令按钮，则显示打开文件对话框，操作者从中选择一个文本文件，并单击对话框上的"打开"按钮后，可打开该文本文件，并读入一行文本，显示在 Text1 中，按钮的代码如下，请填空。

```
Private Sub Command1_Click ()
    CD1.Filter ="文本文件|*.txt|（Word 文档）|*.doc"
    CD1.Filterinder = 1
    CD1.ShowOpen
    If CD1.FileName<>""Then
        Open  [5]  For Input As #1
        Line Input #1,ch$
        Close #1
        Text1.Text =  [6]
    End If
End Sub
```

部分习题参考答案

第 1 章　认识 Visual Basic

二、选择题

1．D　　2．A　　3．D　　4．A　　5．D　　6．C　　7．D　　8．D　　9．D　　10．D

第 2 章　设计简单的 Visual Basic 应用程序

一、选择题

1．A　　2．C　　3．B　　4．A　　5．C　　6．B　　7．D　　8．A

二、填空题

1．事件　方法　　　　　　　　2．Form1.Caption="等级考试"
3．Enabled　False　　　　　　4．3
5．FontItalic

第 3 章　Visual Basic 程序设计基础

一、选择题

1．B　　2．C　　3．D　　4．C　　5．B　　6．B　　7．A　　8．D　　9．B

二、填空题

1．Variant　　　　2．1　　　　　3．True
4．−1　　　　　　5．VISUAL C++ Programming

第 4 章　数据输出与输入

一、选择题

1．C　　2．C　　3．D　　4．D　　5．B　　6．A　　7．B　　8．D　　9．C　　10．D

二、填空题

1. 032,548.60   2. −2.4495   3. 002.449
4. "字符串"   5. 5

第5章　程序设计的基本控制结构

一、选择题

1. C　2. D　3. C　4. C　5. A　6. D　7. D　8. C

二、填空题

1. 4　2. 28

第6章　常用标准控件

一、选择题

1. D　2. B　3. C　4. B　5. D　6. B　7. D　8. C　9. A　10. C

二、填空题

1. [1]2
2. [2]1000　　　[3]Not label1.visible　　　[4]Timer1.Enabled=True
3. [5]Array　　　[6]1 或 LBound(city)　　　[7] city(i)
4. [8]Combo1.Text　　　[9]Label1.FontName = Combo2.Text
5. [10]List1.AddItem　　　[11]List1.RemoveItem List1.ListIndex　　　[12]List1.Clear

第7章　数　　组

一、选择题

1. D　2. D　3. B　4. A　5. A　6. C　7. B　8. A

二、填空题

1. [1]num　　[2]i　　[3]a(j)=temp
2. [4]max　　[5]max=arr1(i)
3. [6]Index　　[7]Fontname

第 8 章　过　　程

二、选择题

1．B　　2．D　　3．D　　4．D　　5．C　　6．B　　7．A　　8．B　　9．B

三、填空题

1．[1]a()或 a　　　[2]n=n-1　　　2．[3]fun　　[4]276　　　3．[5]10

第 9 章　图 形 操 作

二、选择题

1．A　　2．B　　3．D

第 10 章　键盘与鼠标事件

二、选择题

1．A　　2．A　　3．C　　4．A

第 11 章　菜 单 设 计

一、选择题

1．B　　2．A　　3．C　　4．C　　5．B　　6．A　　7．A　　8．A

二、填空题

1．Click 或 单击　　　　　2．Enabled　　　　3．- 或 减号
4．[1]MouseDown　　　[2]2　　　[3]Popupmenu

第 12 章　文　　件

一、选择题

1．D　　2．C　　3．D　　4．C　　5．B　　6．B　　7．C　　8．B　　9．A　　10．C
11．B　12．C　13．B　14．A

二、填空题

1．Enter 或 回车   2．随机   3．Append

4．[1]For Input   [2]#2   [3]Not Eof(2)

第 13 章 通用对话框设计

一、选择题

1．C   2．C   3．C   4．C   5．A   6．A   7．B   8．C

二、填空题

1．[1]Action   2．[2]打开   [3]All Files(*.*)   [4]D:\abc\note.txt

3．[5]CD1.FileName   [6]ch 或 c h$

参 考 文 献

龚沛曾，等．2001．Visual Basic 程序设计简明教程[M]．北京：高等教育出版社．

教育部考试中心．2003．全国计算机等级考试二级考试参考书：Visual Basic 语言程序设计[M]．北京：高等教育出版社．

刘立群，等．2007．可视化程序设计 Visual Basic 教程[M]．北京：中国铁道出版社．

刘立群，等．2007．可视化程序设计 Visual Basic 教程实训[M]．北京：中国铁道出版社．

刘瑞新，等．2004．Visual Basic 程序设计[M]．北京：机械工业出版社．

沈大林，等．2004．Visual Basic 编程篇[M]．北京：电子工业出版社．

沈祥玖，等．2006．VB 程序设计实训教程：题解、实训、样题解析[M]．北京：高等教育出版社．